航空运输类专业系列教材

高等职业教育新形态教材

U0180322

航 空 概 论

夏 爽 宋 吉 主 编

电子工业出版社

Publishing House of Electronics Industry

北京 · BEIJING

内 容 简 介

本书共 5 章，分别是航空发展史、飞机的飞行原理、飞机系统、今日航空和航空安全。本书图文并茂，通俗易懂；采用模块化的编写方式，有利于各院校根据课时情况合理安排教学；在传统教材内容的基础上增加了今日航空和航空安全两章内容，有利于读者更好地学习专业知识。

本书可作为高等职业教育航空运输类专业学生的专业基础课教材，也可作为民航从业人员的参考书。

图书在版编目（CIP）数据

航空概论/夏爽，宋吉主编. —北京：电子工业出版社，2022.11
ISBN 978-7-121-44623-8

Ⅰ. ①航…　Ⅱ. ①夏…　②宋…　Ⅲ. ①航空学—概论　Ⅳ. ①V2

中国版本图书馆 CIP 数据核字（2022）第 228959 号

责任编辑：孙　伟　　　　文字编辑：李书乐
印　　刷：天津画中画印刷有限公司
装　　订：天津画中画印刷有限公司
出版发行：电子工业出版社
　　　　　北京市海淀区万寿路 173 信箱　邮编：100036
开　　本：787×1092　1/16　印张：13　字数：329.6 千字
版　　次：2022 年 11 月第 1 版
印　　次：2022 年 11 月第 1 次印刷
定　　价：42.00 元

凡所购买电子工业出版社图书有缺损问题，请向购买书店调换。若书店售缺，请与本社发行部联系，联系及邮购电话：（010）88254888，88258888。
质量投诉请发邮件至 zlts@phei.com.cn，盗版侵权举报请发邮件至 dbqq@phei.com.cn。
本书咨询联系方式：（010）88254571 或 lishl@phei.com.cn。

《航空概论》
编 委 会

主 编 夏 爽 宋 吉

副主编 吴 勇 陈贻明

参 编 杨 莹

航空运输类专业系列教材
建设委员会

协助建设单位

国际航空运输协会
春秋航空股份有限公司
奥凯航空有限公司
香港快运航空公司
重庆机场集团有限公司
北京外航服务责任有限公司
北京临空国际技术研究院
郑州中原国际航空控股发展
有限公司
杭州开元书局有限公司
三亚航空旅游职业学院
广州民航职业技术学院
浙江育英职业技术学院
西安航空职业技术学院
武汉职业技术学院
武汉城市职业学院
江西青年职业学院
长沙航空职业技术学院
成都航空职业技术学院
上海民航职业技术学院
南京旅游职业学院
西安交通大学
三峡航空学院
西安航空学院
北京理工大学
北京城市学院
烟台南山学院
青岛工学院
西安航空职工大学
南通科技职业学院
中国民航管理干部学院
郑州航空工业管理学院

长沙南方职业学院
长沙商贸旅游职业技术学院
长沙民政职业技术学院
南京航空航天大学
浙江旅游职业学院
潍坊工程职业学院
江苏工程职业技术学院
江苏安全技术职业学院
湖南生物机电职业技术学院
河南交通职业技术学院
浙江交通职业技术学院
新疆天山职业技术大学
正德职业技术学院
山东外贸职业学院
山东轻工职业学院
三峡旅游职业技术学院
郑州大学
滨州学院
九江学院
安阳学院
河南工学院
中国石油大学
厦门南洋职业学院
广州市交通技师学院
吉林经济管理干部学院
石家庄工程职业学院
陕西青年职业学院
廊坊职业技术学院
廊坊燕京职业技术学院
秦皇岛职业技术学院
广州珠江职业技术学院
广州涉外经济职业技术学院

武汉东湖光电学校
闽西职业技术学院
黄冈职业技术学院
衡水职业技术学院
山东海事职业学院
安徽建工技师学院
安徽国防科技职业学院
惠州市财经职业技术学校
黑龙江能源职业学院
北京经济管理职业学院
四川文化传媒职业学院
济宁职业技术学院
泉州海洋职业学院
辽源职业技术学院
江海职业技术学院
云南经济管理学院
江苏航空职业技术学院
德州科技职业学院
河南工业贸易职业学院
兰州航空职业技术学院
四川交通职业技术学院
烟台工程职业技术学院
重庆第二师范学院
南阳师范学院
成都文理学院
郑州工商学院
云南旅游职业学院
武汉外语外事职业学院
德阳川江机电职业学校
武汉外语外事职业学院
湖北交通职业技术学院

随着航空科技发展的日新月异，新型飞机不断问世，相应地，航空基本知识也需要不断更新，伴随我国从民航大国向民航强国的发展，航空业不断需要大量高素质人才的参与和补充。熟悉航空发展现状、了解飞机基本知识、具备航空运营体系总体观念是每个航空业从业人员必备的基本素质。同时，有志加入并献身航空事业和对航空感兴趣的读者也希望能够更多地了解现代航空业的基本情况，本书正是为此而编写的。

为了适应航空业发展的需要，同时结合高等职业教育的特点，本书以理论联系实际为原则，以培养技术应用能力为主线，以必须、够用为度，以讲清概念、强化应用为重点。本书共5章，分别是航空发展史、飞机的飞行原理、飞机系统、今日航空和航空安全，旨在对学生进行航空知识的基础教育，使学生能够了解航空发展史、飞机飞行的基本原理、飞机的组成及航空安全等方面的知识，树立"维护守则"意识，为更好地学习专业课和步入航空事业打下坚实的基础。

本书由夏爽、宋吉任主编，吴勇、陈贻明任副主编，杨莹参编。其中，夏爽负责编写第1章和第2章；宋吉负责编写第3章的3.1节、3.2节、3.4节，以及第5章的5.3节；吴勇负责编写第3章的3.3节和3.5节；陈贻明负责编写第4章和第5章的5.1节、5.2节；杨莹负责资料的收集和整理工作。本书由夏爽统稿，此外本书在编写的过程中得到了海航航空技术有限公司、三亚航空旅游职业学院的大力支持，在此表示衷心感谢！

由于航空业包含的知识范围广、涉及的知识内容多且知识的更新速度快，加之编者水平有限，不妥之处在所难免，敬请读者批评指正。如有老师需要教学资源，请和作者联系，QQ：22865186（邮箱：22865186@qq.com）。

夏　爽

目录

二维码简表

名称	二维码	名称	二维码
1.1　飞天探索		2.5　飞机的飞行性能	
1.3　飞机的诞生		2.7　飞机的稳定性 2.8　飞机的操纵性	
1.4　飞机的分类		2.10　飞机的前、后缘装置	
1.5　飞机的发展		2.11　直升机	
1.7　民用航空概述——中国民航的发展历程		3.1　ATA100 规范	
2.1　飞行器的飞行环境		3.2　飞机的基本结构——机体	
2.1　飞行器的飞行环境——大气的物理特性与标准大气		3.2　飞机的基本结构——机翼	
2.2　气流特性		3.2　飞机的基本结构——尾翼	
2.3　升力和阻力的产生——升力		3.2　飞机的基本结构——起落架	
2.3　升力和阻力的产生——阻力		3.3　飞机的动力装置	
2.3　升力和阻力的产生——影响升力和阻力的因素		3.3　飞机的动力装置——飞机发动机的组成及原理	
2.4　飞机的重心、机体轴和飞机平衡		3.4　飞机的仪表和电子装置——导航系统	

（续表）

名称	二维码	名称	二维码
3.4 飞机的仪表和电子装置——飞行控制仪表系统		4.5 民用飞机制造商	
3.4 飞机的仪表和电子装置——飞机自动驾驶系统		4.7 国际航空公司	
3.5 飞机的其他系统——电源系统		4.8 中国的航空公司	
3.5 飞机的其他系统——蓄电池		4.9 航空联盟	
3.5 飞机的其他系统——氧气系统		5.1 航空人为因素	
3.5 飞机的其他系统——空调系统		补充：	
3.5 飞机的其他系统——燃油系统		a. 飞机机载导航系统	
3.5 飞机的其他系统——防冰系统		b. 飞机灯光系统	
3.5 飞机的其他系统——防火系统		c. 仪表着陆系统 ILS	
4.1 国际航空组织		d. 民用飞机机型	
4.2 航空权		e. 中国民航维修发展史	
4.3 中国民用航空运输业的发展历程		f. 国内航空维修单位	
4.4 中国民用航空的法律和管理体系			

第1章 航空发展史

1.1 飞 天 探 索

几千年来，人类在征服自然的过程中，早就向往能像鸟类一样在空中自由翱翔，并幻想能飞上月球。但是远古时期的生产力是很落后的，这些幻想只能成为神话，如"嫦娥奔月"、阿拉伯的"飞毯"等，如图1.1所示。随着生产力的发展，人类逐步对航空和飞行进行了许多探索和尝试。

图 1.1　飞天神话

中国是世界文明发展最早的国家之一，有文字可考的历史就有四千年之久。传说在春秋战国时代，鲁班和墨子都曾制作过能飞的木鸢；南朝《后汉书》和宋朝《太平御览》中记载了东汉科学家张衡制作的"腹中施机，能飞树里"的木鸟；明朝《武备志》中记载了利用反推力原理喷气飞行的"神火飞鸦"及各种火箭武器，如"火龙出水"就是一种两级火箭的雏形。其实在南宋末年，中国就发明了火箭，并首先用于战争，是元朝以后才传入西方的，欧洲称其为"中国箭"。"中国箭"的反推力原理和箭羽稳定技术及"火龙出水"的二级推进方法，都已经在现代火箭上得到应用，所以西方学者 Willy Ley 在1947年所著的《火箭与空间旅行》一书中指出"中国箭"是"近代火箭的鼻祖"。中国不仅是火箭的发源地，还是风筝的故乡。风筝是最简单的飞行器，其升力原理与飞机相似，传说两千年前汉楚相争时，韩信曾制作风筝让张良乘坐；唐朝以后风筝已由军事工具转为民间玩具，并广泛流传到世界各地，现今美国国家航空航天博物馆还陈列着中国的风筝和火箭，并指出这是世界上最早的飞行器。此外，中国的竹蜻蜓、孔明灯、风车、风扇、走马灯、陀螺和罗盘等都在现代飞行器上得到应用。如图1.2所示是竹蜻蜓图示，如图1.3所示是孔明灯及走马灯图示。

在飞行实践方面，中国人也是最先尝试的。据《前汉书》记载，公元9年，王莽时代有一位"异能之士"，其用羽毛做两翼，从高山滑翔而下，飞行数百步始落，王莽拜其为理事，并赐以车马，开创了人类历史上第一次飞行尝试。据说明朝有个万户，大胆设想乘火箭上天飞行，他制作了一个带风筝的火箭车，以47支大火箭为动力，并亲自

图 1.2　竹蜻蜓图示

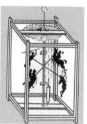

图 1.3　孔明灯及走马灯图示

乘坐试验，可惜火箭爆炸，万户献身。但他的理想已为今人实现，后人为纪念他对航天事业所做的贡献，已用他的名字命名了月球上的一座火山口。

西方早期也有一些"跳塔人"试图模仿鸟类扑翼飞行。十五世纪意大利画家达·芬奇画过一个扑翼机设想图，如图 1.4 所示。十七世纪法国锁匠贝尼埃也曾研制过一个"飞行十字架"。但所有这些扑翼飞行都以失败告终。后来人们研究证明：鸟骨中空，身轻流线，臂肌力强，人所不及，此乃失败之因。直到十九世纪，欧洲才开始研究滑翔飞行。1853 年，英国的航空科学家凯利设计的滑翔机首次实现了载人飞行。1891—1896 年，德国的李林塔尔悉心研究和实践了滑翔飞行二千余次，掌握了滑翔机的操纵方法，为以后飞机的诞生奠定了基础，但他本人却在飞行中牺牲，为早期的航空事业献出了生命。

图 1.4　扑翼机设想图及达·芬奇

1.2　第一次升空

十八世纪后期，由于扑翼飞行的失败，人类对于飞行的探索开始转向轻于空气的飞行器。1783 年，法国蒙哥尔费兄弟的热气球首先载人升空。如图 1.5 所示是蒙哥尔费兄弟。同年，法国又出现了查理的氢气球，后来由于氢气易燃易爆，改用氦气便成为氦气球。由于气球构造简单，又适用于科学考察和航空运动，因此一直沿用至今。1887 年，

图 1.5　蒙哥尔费兄弟

中国的华蘅芳也研制出我国的第一个氢气球。

但气球只能随风而飞,不能被操纵。1852 年,法国人吉法尔首先造出动力飞艇,直到 1900 年德国人齐柏林造出第一艘硬式飞艇后,才解决了操纵问题,从而发展成为当时唯一的空中交通工具。在齐柏林飞艇问世前,我国谢钻泰也曾设计过一个硬式飞艇方案——中国号,可惜未得到清政府支持,转而投寄英国飞艇专家墨克西,墨氏得此方案,钦佩不已。

早期的飞艇和气球一样也是充氢气的,并且多次出现过失火爆炸事件,飞机出现后已逐步将它取代。但是近年来,由于能源危机及飞艇独特的起重能力和经济性,飞艇已有东山再起之势。装有氦气并采用高强度复合材料的新一代飞艇即将出现,核动力飞艇方案也已提出。

1.3 飞机的诞生

十九世纪末,随着蒸汽机、内燃机和船用螺旋桨的出现和应用,不少人开始研制动力飞机,但都未能飞上天空,唯有美国的莱特兄弟获得成功。莱特兄弟从研究风筝和滑翔机入手,吸取了前人航空和造船经验,并做了大量试验,终于制成了一架装有 12 马力活塞式发动机的飞机,在 1903 年 12 月 17 日试飞成功,飞行了 260 米,成为世界公认的第一架动力飞机,如图 1.6 所示。

图 1.6 第一架动力飞机问世

第一架动力飞机问世不久,我国也有不少人开始研制飞机,其中突出的有冯如和谭根。旅美华侨冯如,1907 年在美国旧金山建厂制造飞机。他博采众长,别具一格,自行研制了一架新飞机,并于 1909 年 9 月 21 日亲自试飞上天,飞行 800 米,当时美国《旧金山观察者报》在头版以大字标题惊呼中国的航空技术超过西方,并以“东方的莱特在飞翔”为题报道了这次试飞经过,还刊登了冯如的照片和飞机。1911 年 2 月冯如携机回国参加革命,1912 年 8 月 25 日在飞行表演中失事牺牲,年仅 29 岁。谭根也是我国早期的飞机设计师和飞行家，1908 年赴美学习飞行和飞机制造技术，1910年制成船身式水上飞机，获万国飞机制造大会比赛第一名，之后又创造了当时水上飞机飞行高度的世界纪录。1915 年应孙中山邀请回国，后因军阀混战，弃机经商，后事不详。

1.4 飞机的分类

任何由人工制造、能飞离地面、在空间由人来控制飞行的物体都称为飞行器。在飞行器中，在大气层之外飞行的称为航天器，在大气层中飞行的称为航空器。

航空器根据获得升力方式的不同分为如下两大类。

第一大类：航空器总体的密度小于空气，依靠空气的浮力漂浮，称为轻于空气的航空器，主要是气球和飞艇。气球和飞艇的主要区别在于，气球上没有安装动力，飞行方向不由自身控制；而飞艇上装有动力，可用自身的动力控制飞行的方向。

第二大类：航空器本身重于空气，依靠自身与空气之间相对运动产生的动力克服重力而升空。这类航空器又分为非动力驱动的和动力驱动的两类，非动力驱动的主要是滑翔机，动力驱动的分为飞机（或称固定翼航空器）、旋翼航空器和扑翼机 3 类。

如图 1.7 所示是航空器的分类。

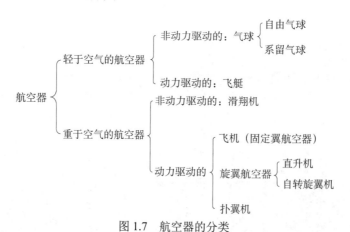

图 1.7 航空器的分类

1.5 飞机的发展

1.5.1 战争促进航空工业的发展

二十世纪初飞机出现后，很快被应用于军事战争，两次世界大战使飞机得到了迅速发展。飞机也使战争由平面转向立体化，并且成为对战争全局有重大影响的因素。战争促进了航空工业的发展，飞机的研究、设计、制造和使用有了明确的分工，并且形成了独立的产业部门和独立的军种——空军。

1911 年在意土战争中，意大利首先利用飞机进行侦察和轰炸，随后各交战国也都使用了飞机。1914—1918 年在第一次世界大战中，多数参战国组建了空军，飞机参战的规模越来越大，大战初期参战飞机共有一千多架，到了战末，双方投入的飞机已有上万架。随着战争的需要，飞机由最初的侦察机发展成翼下吊挂炸弹的专用轰炸机。之后又出现了专门攻击地面的强击机。第一次世界大战使空军成长为重要的军事力量，在第二次世界大战中，空军更发挥着举足轻重的作用。1939 年德国法西斯出动两千多架飞机闪电般地占领了欧洲的大片土地。1945 年柏林之战，前苏联投入飞机 8400 架，德国迎战飞机 3300 架。

空军的发展又促使了航空工业的发展。在第一次世界大战中，参战国共生产飞机18 万余架，在第二次世界大战中，生产飞机的总数已达到 70 万架，其中美国和前苏联都各生产了 10 多万架。航空工业已形成了独立的产业部门，并且建立了专业的研究机构，飞机的外形、结构和设备均得到了改善，性能也得到了提高。

1.5.2　活塞式飞机的最高成就

战争促进了飞机性能的提高，除不断改善操纵性和武器设备功能外，更主要的是提高飞机的飞行速度，而提高飞机飞行速度的主要措施是增大发动机的功率和改善飞机的外形。

从第一架飞机出现到第二次世界大战末，飞机的动力装置都是活塞式发动机。活塞式发动机的功率随着对飞行速度提高的需要而大幅度地增加，从 12 马力增长到 3500 马力。有的飞机还装有多台发动机，如当时最大的轰炸机——美国的 B-29 就装有 4 台2500 马力的活塞式发动机。随着发动机功率的增加，飞机的飞行速度也从 16 千米/小时提高到 755 千米/小时。

飞行速度的提高，不仅依靠增加发动机的功率，而且与飞机的外形也密切相关。飞机的发展是人们在不断克服矛盾中取得的。

莱特兄弟研制的飞机问世以前，也曾有不少人研制过动力飞机，他们都因飞机过重（采用笨重的蒸汽机）、升力过小（缺少升力理论）而失败，这是飞机发展中的第一个矛盾——升力和重量的矛盾。莱特兄弟正是总结了前人的经验和教训，采用了较轻的内燃机和升力大的翼型才解决了这个矛盾，最终试飞成功。莱特兄弟研制的飞机及第一次世界大战中所用的飞机都是双翼机，此外，还有三翼机和盒形机等，这些机型都是通过增大机翼面积来提高升力的。但是，增大的机翼面积和交叉的支柱、张线却使飞机所受的阻力大大增加，虽成倍提高了发动机的功率，但飞机的飞行速度却增长缓慢，这就出现了新的矛盾——拉力和阻力的矛盾，这是飞机发展中的第二个矛盾。为了解决这一矛盾，必须着手改造飞机的外形，减少机翼面积，将双翼机改为单翼机，并减少支柱和张线的阻力。随着金属材料的出现，1915 年首先出现了支持张臂式单翼机，19 世纪 20 年代以后已被普遍采用，飞机的飞行速度也由战前的 180 千米/小时提高到 280 千米/小时。19 世纪 30 年代以后，有撑杆的单翼机已完全被无撑杆的全金属单翼机取代，飞机外形进一步向流线型方向发展，起落架由固定式改为收放式，发动机汽缸的排列也由星型交叉式改为 V 型串列式，驾驶舱也由开敞式改为封闭式，所有这些外形上的改进，都大大减小了飞机的阻力，在第二次世界大战中，飞机的飞行速度便猛增至 600 千米/小时以上。1939 年，德国的战斗机 Bf-109 还创造了活塞式飞机飞行速度的最高纪录755 千米/小时。这已经达到了活塞式飞机的极限速度，若速度进一步提高，则会再碰到拉力和阻力的矛盾，这是飞机发展中的第三个矛盾。

1.5.3 活塞式飞机的发展与限制

当活塞式飞机的时速提高到 700 公里以上时，再增加发动机的功率是很困难的。第一，增加功率就要增大发动机汽缸的容积或增加发动机汽缸的数量，但这却使发动机本身的重量和体积成倍增长，导致飞机阻力猛增。实验证明欲使飞机的飞行速度提高一倍，功率必须增加 8 倍，发动机的重量也随之增加 6 倍。而换装同样功率的喷气发动机，发动机重量在保持不变的情况下速度可提高一倍。第二，活塞式发动机是靠螺旋桨产生拉力的，当飞行速度和螺旋桨转速进一步提高后，桨叶尖端将会产生激波，从而使螺旋桨效率大大降低，这也限制了飞机飞行速度的提高。因此，活塞式发动机发展到第二次世界大战末期就达到了它的顶峰，要继续提高飞机的飞行速度必须选择新的动力装置。

由于螺旋桨在低空低速飞行时效率高，活塞式发动机的经济性很好，因此目前许多小型低速飞机仍然使用它。相反由于喷气发动机噪声大、油耗高、经济性差，因此不少中、低速喷气客机都采用与螺旋桨相结合的喷气发动机，如涡轮螺旋桨发动机、涡轮风扇发动机，未来还会采用新型的螺旋桨风扇发动机。

1.5.4 第一批喷气飞机

当活塞式发动机受到限制后，各国都在研制新的动力装置。1939 年德国首先研制出一架装有喷气发动机的 He-178 飞机，它是世界上的第一架喷气飞机；1941 年英国也制成 E28/39 喷气飞机，接着各先进国家也都先后研制出一批喷气飞机。

1.5.5 突破音障

第一批喷气飞机出现后，速度很快提高到 900 千米/小时，但继续提高后又碰到了新的矛盾。当飞行速度接近音速时，飞机受到激波的影响，会产生强烈振动，甚至会造成机毁人亡，这成为当时一个不可逾越的障碍——音障。虽然可通过增大发动机的推力缓解音障，但若飞机的气动外形不改变，则仍然难以突破音障。所以改善飞机的气动外形，成为突破音障的关键。

为了突破音障，各国除通过增大发动机的推力（如在喷气发动机上加装第二次燃烧的加力燃烧室）外，还致力于高速空气动力理论的研究和超音速风洞试验，以改善飞机的气动外形，如大后掠机翼和细长流线型机身等。1947 年，美国的火箭动力研究机 X-1 首先突破音障。我国著名的科学家钱学森在美国时曾长期从事高速气动理论和火箭技术的研究，是美国最早参与研究火箭技术的研究人员之一，对突破音障亦有所贡献。1953年，美国又首先制造了第一架实用的超音速战斗机 F-100。现代战斗机的速度都已超过音速，有的超过音速 2～3 倍。1976 年，美国的战略侦察机 SR-71 创造了飞行速度的世界最高纪录 3529 千米/小时，相当于音速的 3.3 倍。

1.5.6 越过热障

喷气飞机突破音障后终于实现了超音速飞行，旧的矛盾解决了，新的矛盾又出现了。飞机超音速飞行时，飞机表面的空气受到强烈的摩擦和压缩，温度急剧上升，一旦超过机体表面材料所能忍受的极限，飞机就会受损，这种由气动加热所出现的危险障碍称为热障。飞机表面常用的材料为铝合金，其耐温极限为 250℃，当飞行速度超过音速的 3 倍时，机头和机翼前缘的蒙皮温度可上升到 370℃，铝合金就会受损，这就是热障。但是，如果我们选用耐高温不锈钢（极限温度 450℃）或钛合金（极限温度 650℃）材料，就能越过热障。SR-71 飞机已经越过热障，不锈钢和钛合金已经是被普遍采用的飞机表面材料。

1.6　航　天　飞　机

1.6.1　航天飞机的作用和分类

航天飞机既是可以重复使用的、往返于地球表面和近地轨道之间运送有效载荷的航天运载器，又是可以进入近地轨道完成多种任务的航天器。它可以将各种有效载荷（如各种卫星等）直接送入近地轨道；需要在高轨道上运行的有效载荷，也可以由航天飞机先送至近地轨道后，再从这个轨道上发射进入高轨道。航天飞机进入近地轨道的部分叫作轨道器。由于轨道器具有一般航天器的各种分系统，因此它可以完成包括人造地球卫星、货运飞船、载人飞船甚至小型航天站的许多功能。它还可以完成一般航天器所没有的功能，如向近地轨道施放卫星，从轨道上捕捉、维修和回收卫星等。

航天飞机可以按级数、发动机类型、发射方式、用途、重复使用程度和回收方式等进行分类。按级数可分为单级、两级、三级（轨道器上如果没有装主发动机和推进器就不可按级数分类）；按发动机类型可分为全火箭式、火箭加空气喷气发动机式和组合式，空气喷气发动机可采用涡轮喷气发动机、冲压发动机和组合发动机等；按发射方式可以分为垂直发射和水平起飞两种，垂直发射是运载火箭的传统发射方式，而水平起飞是在跑道上滑跑起飞，要求发动机的推力较小；按用途可分为运人、运货和多用途；按重复使用程度可分为完全重复使用和部分重复使用；按回收方式可分为水平着陆、降落伞和制动火箭回收，轨道器和助推飞机可以采用水平着陆。

1.6.2　航天飞机的构造

航天飞机由两个助推器、外挂贮箱和轨道器组成。

1. 轨道器的构造

轨道器是航天飞机的核心部分，也是设计最困难和结构最复杂的部分。它所经历的飞行过程及环境比现代飞机要恶劣得多。它的气动外形既要适合于在大气中做高超音速、超音速、亚音速和水平着陆时的低速飞行，又要有利于防护气动力加热。轨道器的结构包括机身、机翼、尾翼和着陆架等。机身又可分为前段、中段和尾段 3 部分。结构材料大部分采用铝合金，结构形式大多为蒙皮骨架组成的薄壁结构。升降副翼采用铝蜂窝结构。

前段机身分为头锥和乘员舱。头锥内有反作用控制系统，乘员舱为铝合金板和加强骨架焊接而成的密封舱段。乘员舱分为上、中、下 3 层：上层是驾驶舱，中层是生活舱，下层是仪器设备舱。中段机身主要是有效载荷舱。为了在轨道上布放或回收有效载荷，舱内设有可以遥控的机械臂。有效载荷舱门共有两扇，每扇都是圆柱曲板。航天飞机在轨道上运行时，由于需要打开舱门进行散热，因此要求舱门在温差变化较大的情况下开启方便。尾段机身由整块铝板通过机械加工制成，里面配有硼环氧树脂增强的钛合金构架，后部有一个铝蜂窝隔热的防热罩，用以保护推进系统。

2. 轨道机动系统（OMS）和反作用控制系统（RCS）

OMS 的主要功能是为航天飞机提供入轨机动、轨道修正、变轨、交会和脱离轨道所需要的推力。OMS 有两台液体火箭发动机，分别对称地安装在后机身两侧的两个外吊舱内。每个外吊舱内包括两个推进剂箱、一个挤压式输送系统用的高压氦气瓶、减压器和控制组件。RCS 的功能是为轨道器精确的姿态控制和 3 个轴向移动提供所需要的推力。

1.7 民用航空概述

1.7.1 民用航空的简介

1. 民用航空及其在航空业中的地位

航空业是指飞行器在地球大气层中的飞行活动，以及与此相关的科研教育、工业制造、公共运输、专业作业、航空运动、国防军事、政府管理等众多领域。航空领域包括航空制造业、军事航空和民用航空 3 个部分。

航空制造业研究和使用最新的技术，制造适用于各种目的和使用条件的航空器及其配套的设备。航空制造业是知识、技术和资金密集型工业，是现代科技成果的结晶，更是整个航空业的基础，反映了一个国家科技和工业的发展水平。航空制造业中的典型产品都是复杂的庞大系统，涉及飞行器设计、飞机结构设计、航空材料、航空动力、航空电气工程、航空推进系统、人机与环境工程、应急救生等专业的航空技术，被称为"制造业之花"。

军事航空是指为了保卫国家及维护国家内部安定，由国家武装力量执行的战争性质和非战争性质的航空活动，如空军执行的战斗飞行和训练飞行，武警执行的反恐、消防飞行，海军执行的搜救飞行等。军事航空的飞行目的、特点与民用航空有很大区别，因而其飞行规则也不同于民用航空。

2. 民用航空的定义和分类

民用航空是指使用航空器从事除国防、警察和海关等国家航空活动外的航空活动。民用航空是交通运输业的重要组成部分，包括运输航空和通用航空两个部分。

1）运输航空

运输航空是指使用民用航空器进行经营性质的客运、货运、邮运等航空运输活动。运输航空首先是一种公共的航空运输活动，面向公众提供运输服务，故安全性和准时性是基本要求。其次，运输航空还是一种商业活动，以盈利为目的，故又称为商业航空，运输的效率和效益是运输航空组织管理的重要目标。

2）通用航空

世界各国对通用航空的定义不尽相同。根据《中华人民共和国民用航空法》，通用航空是指使用民用航空器从事公共航空运输以外的民用航空活动，包括从事工业、农业、林业、渔业和建筑业的作业飞行，以及医疗卫生、抢险救灾、气象探测、海洋监测、科学实验、教育训练、文化体育等方面的飞行活动。国际民用航空组织（International Civil Aviation Organization，ICAO）对通用航空的定义为：定期航班和用于取酬的或租用合同下进行的不定期航空运输以外的任何民用航空活动，分为运输航空、通用航空和作业航空 3 类。我国把后两类合并称为通用航空。

因此，从广义的角度看，通用航空指除军事飞行、公共航空外的航空活动，具体包括：民用航空部门范围内的为工农业生产服务的航空活动和其他通用航空活动；非民用航空部门的航空活动，如海关利用航空器所进行的稽查活动，公安部门利用航空器所进行的警务活动，体育部门利用航空器所进行的强身健体、竞技比赛活动；科学研究部门利用航空器所进行的科学研究活动等。

3. 民用航空系统的组成

民用航空（民航）是一个以飞行为中心，由监管部门、运行机构、保障机构及其他企事业单位组成的复杂系统。

1）监管部门

监管部门代表国家对民航业进行安全监管，是立法和执法机构，包括中国民用航空局、中国民用航空地区管理局，安全监督管理局是中国民用航空地区管理局的派出机构。

2）运行机构

运行机构主要包括参与航空活动的各类企业、机场、空中交通管理机构和现场指挥机构等。

航空企业主要包括航空运输企业和通用航空企业，航空运输企业即经营性质的航空公司，利用民用航空器从事生产运输，是目前我国民航业生产收入的主要来源。通用航空企业主要从事运输飞行以外的其他民用航空活动，如飞行训练、航空体育、科研试验、电力巡线、森林防火、农药喷洒等。

机场是用于飞机起降、停放和维修等活动的场地，包括服务飞机起降、维护各种建筑物和设施，如跑道、滑行道、机坪等。提供商业服务的机场称为空港，除跑道、滑行道、机坪外，还包括候机楼和出入机场的交通设施等。

空中交通管理机构是为确保空中交通安全和正常、高效飞行而设立的空中交通服务机构，其主要职能是为机场提供交通管制、飞行情报、告警等服务。

现场指挥机构是为运输机场航班飞行提供场面服务的管理机构，其主要职能是根据航班运行计划及场面服务需求，对廊桥、停机位、行李转盘、地面服务车辆等资源进行调度和优化，以确保机场场面运行的安全、有序和高效。

3）保障机构

保障机构主要包括飞机维修企业、油料供应企业、航材企业、航空信息服务企业、航空服务公司、飞行校验部门等。其中，飞机维修企业负责飞机的维护、大修等工作；油料供应企业负责航空油料的运输、储存、检测和销售；航材企业负责飞机的采购、租赁和航材的保障；航空信息服务企业负责客户的管理、旅客的合作服务等；航空服务公司负责销售的代理等。

4）其他企事业单位

其他企事业单位包括民航高等院校、医院、研究单位、航空体育活动单位及拥有飞机的个人和企事业单位等。这是一个庞杂的群体，其活动形式多样，满足了人们对航空活动的多种需要。中国民航局的直属院校包括中国民航大学、中国民用航空飞行学院、中国民航管理干部学院、广州民航职业技术学院、上海民航职业技术学院。直属医院有民航医学中心，直属科学研究机构包括中国民航科学技术研究院、中国民航局第二研究所。它们主要为民航提供人才支撑、技术支持等，满足民航在发展中的不同需求。

4. 民航从业人员

民航从业人员主要包括从事民航活动的空勤人员和地面保障人员。空勤人员包括航空器驾驶员、乘务员和安全员。地面保障人员包括飞行签派员、空中交通管制员、航空电信人员、航空气象人员、航空情报人员、飞行程序设计人员、现场指挥人员、机务维修人员、机场安保人员等。

航空安全对民航从业人员提出了严格的要求，航空器驾驶员、飞行签派员、空中交通管制员、航空电信人员、航空情报人员、航空气象人员、机务维修人员等被纳入民航行政许可范畴，对这些从业人员的身体条件、培训经历、理论和技能水平、实践经历都有严格的考核标准，只有考核合格并取得由民航行政机构颁发的执照的人员才能从事民航行业活动。每架飞机的飞行安全都与各部门人员的工作职责密不可分，每个部门的人员只有尽职尽责才可以保证飞机和乘客们的安全。

1.7.2 中国民航的发展历程

1. 旧中国时期

飞机出现 6 年之后的 1909 年，旅美华侨冯如（见图 1.8）就制成了一架飞机并成功试飞，1910 年在北京南苑又制成了一架飞机，由此掀开了中国航空事业的篇章。

图 1.8　中国航空先驱冯如

1911 年辛亥革命爆发之后，各方势力都积极发展航空，在北京、广东、东北组建空军，并把航空用于军事。1918 年北洋政府设立航空事务处，这是中国第一个主管民航事务的正式管理机构。1920 年开通的北京到天津航线是我国的第一条航线，中国民航由此拉开了序幕，这条航线最远延伸到济南，在经营了几年后停业。1928 年政府开始筹办民航业，直到抗日战争爆发前的七八年间，中国民航取得了较大发展，开通了沪平（北京）、沪粤（广州）等航线，1936 年开通了广州到河内的航线，这是我国第一条国际航线，到 1936 年底全国开通的航线里程超过两万千米。

抗日战争的爆发终止了中国民航在全国范围内的发展，但是民航却成为了中国和当时支持中国抗战国家之间的主要联系通道。1939 年成立的中苏航空公司开辟了重庆到莫斯科的航线，为前苏联支援中国抗日提供的人员、物资开辟了通道。中国航空公司和中央航空公司在抗战期间，执行了从印度飞经喜马拉雅山到昆明进而至重庆的运输任务，这条航线在当时的条件下，由于海拔高、气象条件恶劣，以及日本空军的袭击而困难重重，民航人员排除了种种困难，运送了大批作战物资和人员，上千名飞行人员和机务人员用生命和鲜血保证了中国抗日战争的物资被源源不断地送到前线。这条被称为"驼峰航线"的空中运输线，成为航空史的一个奇迹，中国的民航人员在其中做出了重大贡献。抗日战争结束后，在大量剩余运输飞机的基础上，中国民航业有了一定程度的恢复和发展。

2. 计划经济时期

1949 年 10 月中华人民共和国成立，开启了中国历史的新篇章。1949 年 11 月 9日，当时总部迁到香港的中国航空公司和中央航空公司宣布两个航空公司的 4000 余名员工服从中央人民政府的领导，率领 12 架飞机飞回祖国大陆，这就是奠定新中国民航事业基础的著名的"两航起义"。

1949 年到 1978 年是新中国民航事业发展的第一个时期，1949 年 11 月中央军委民航局成立，统管全国的民航事务，1954 年中央军委民航局归国务院领导并更名为中国民航总局，中国依照前苏联的经济体制开始建立自己的民航体系。在业务上中国民航总局仍然从属于空军的领导，主要服务于各项政治和军事事务。随着经济的发展，我国购进了新的飞机，扩建和新建了一批机场，开辟了新航线，建立起了以北京为中心的单线式航空网络。这一时期，国内航空业发展的重点是航空制造业和空军，民用航空是军事航空的从属单位，它的首要任务是保障政府和军事人员的交通和国际交往的需要，以及一些紧急事件的处理。到 1965 年我国的航线里程和总周转量比 1949 年的水平有很大增长，但整个旅客周转量还达不到我国历史上的最高水平，和我国国民经济的发展极不相称。

3. 改革开放经济转型时期

我国在联合国席位的恢复（1972 年）使我国的民航事业获得了发展生机。真正的大转变开始于 1978 年，这一年召开了党的十一届三中全会，党和国家的工作重点放到了国民经济的建设和发展上，从此民航业开始了从计划经济到市场经济的根本性转变。1980 年民航正式从由军队领导转为由政府领导，成为一个从事经济发展的业务部门，民航管理开始走上现代化的道路。

4. 经济高速发展时期

1996 年 3 月，《中华人民共和国民用航空法》的颁布和实施，标志着我国民航业正式迈向依法治理的阶段。在随后的几年，依据这部航空法制定了一系列的民航法规和条例，初步建立了我国民航的基本法律体系。

2001 年我国加入世界贸易组织（WTO）后，国内民航业顺应国际航空业的发展潮流，进一步改革开放，充分参与国际竞争。2002 年中国民航确定了用 20 年时间把我国由航空大国转变为航空强国，以适应我国全面建设小康社会的目标。为实现此目标，我国在国内进一步开放市场，允许民营资本创办航空企业、航空培训机构，加大了机场建设力度，加强了支线航空、通用航空的建设；对外参与国际航空开放天空的自由化、全球化竞争，大力改变支线航空、通用航空落后的局面，大幅提高了机场密度，建设了数个世界排名前列的大型机场及现代化空中交通管理系统，增强了航空运输企业的国际竞争力。经过不懈的努力，我国民航在上述各个方面都取得了巨大进展，2018 年，我国客运量突破 6.1 亿人次，总周转量实现 1206.4 亿吨千米。

中国不仅是世界上的工业、贸易大国，而且是世界上尚未完全开发的、潜在最大的航空市场。我国的民航事业在正确方针的指引下，到 21 世纪中叶，将全面建成保障有力、人民满意、竞争力强的民航强国。

1.7.3 中国民航组织管理体系

政府设立民航监管机构对民航的生产、运营等环节进行监督管理，其目的是确保民航的生产和运营符合国家安全标准和法规，维护民航运行的安全和秩序，维护国家领空主权，维护参与民用航空活动的主体和地面第三人的合法权益。

我国的民航监管机构由中国民用航空局（简称民航局）、中国民用航空地区管理局（简称民航地区管理局）两级机构组成，安全监督管理局是民航地区管理局的派出机构。如图 1.9 所示是中国民航组织管理体系框图。

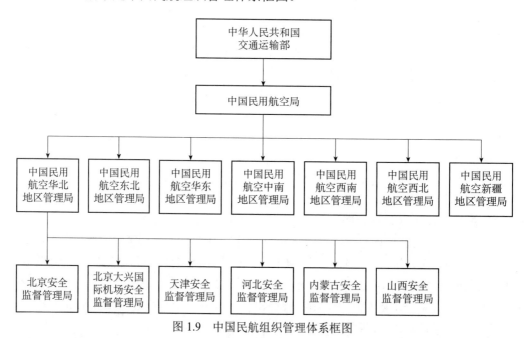

图 1.9 中国民航组织管理体系框图

民航局代表国家对民航业进行监管，其主要职能概括如下：

（1）立法权：制定民航规章和标准；

（2）执法权：负责民航业的安全监管和市场监管；

（3）规划权：制定和实施民航业的发展规划；

（4）外事权：代表政府从事民航外事活动。

民航局下设 7 个民航地区管理局，分别是华北、东北、华东、中南、西南、西北和新疆民航地区管理局，民航地区管理局代表民航局对辖区内的民航活动实施监管。其主要职能概括如下：

　　（1）制定民航规范性文件，贯彻落实民航局的规章、制度和命令；

　　（2）负责辖区内民航业的安全监管和市场监管。

第2章 飞机的飞行原理

2.1 飞行器的飞行环境

飞行环境对飞行器的飞行轨迹、结构、元件、材料、飞行性能及作战效果等都有显著影响。只有熟悉飞行环境，并设法克服或减小飞行环境产生的影响，才能保证飞行器飞行的准确性和可靠性。这里所指的飞行环境包括从地球表面到宇宙空间。

2.1.1 大气层

航空器唯一的飞行环境就是大气层，大气层包围着地球，大气层总质量的90%集中在离地球表面15km的高度以内，总质量的99.9%集中在50km的高度以内，在2000km的高度以上，大气极其稀薄，并逐渐向行星际空间过渡。大气层没有明显的上界，如果以空气密度接近于行星际空间气体密度的高度作为大气层的顶界，那么这一高度为2000～3000km。大气层的各种特性在垂直方向上的差异非常显著，例如，空气密度和压强都会随高度的增加而减小。在10km的高空，空气密度只是海平面空气密度的1/3，压强约为海平面压强的1/4；在100km的高空，空气密度只是地面空气密度的4×10^{-5}%，压强只是地面的3×10^{-5}%。如果以气温变化为基准，可将大气层分为5层：对流层、平流层、中间层、电离层、散逸层。

1. 对流层

对流层是贴近地球表面的一层，它的底界是地球表面，顶界则随地球纬度、季节等情况而变化。就纬度而言，对流层的顶界，在赤道区平均为17～18km，在中纬度地区平均为10～12km，在南北极地区平均为8～9km。也就是说，由赤道向南北极，随着纬度的增加，对流层的顶界逐渐降低。就季节而言，对流层的顶界夏季高于冬季。

对流层有以下特点：

（1）气温随高度的升高而降低。

在对流层内，平均每升高100米，气温下降0.65℃，所以又叫变温层。该层的气温主要靠地面辐射太阳的热能而加热，所以离地面越近，空气就越热，气温随高度的增加而逐渐降低，爬过高山的人都知道山上比山下冷，就是这个道理。例如，以海平面的平均温度15℃为起点，到11000米的高空时，气温下降到-56.5℃。

（2）有云、雨、雾、雪、雹等天气现象。

地球上的水受太阳照射而蒸发，从而使大气中聚集了大量的各种形态的水蒸气，并随着尘埃被带到空中，几乎全部的水蒸气都集中在对流层，因而在不同的气温及条件下，就会形成云、雨、雾、雪、雹等天气现象。

（3）空气上下对流激烈。

由于地面有山川、湖泊、沙漠、森林、草原、海洋等不同的地形和地貌，因此会产生垂直方向和水平方向的风，即空气发生大量的对流。例如，森林吸热少散热慢，沙漠吸热多散热快，因此沙漠上面的空气被加热得快、温度较高、向上浮升，然后四周的冷空气填入被加热空气所离开的空间，造成上升气流和水平方向的风。

2. 平流层

平流层位于对流层之上，顶界伸展到 50～55km，空气稀薄，所包含的空气质量约占整个大气质量的 1/4。在平流层内，空气没有上下对流，只有水平方向的风。由于平流层中空气稀薄、摩擦力减小，当空气随着地球自转而运动时，上层空气落后于下层空气，就形成了与地球自转方向相反的水平风。

在 25km 以下的平流层，因为受地面温度的影响较小，气温基本保持不变，平均温度为-56.5℃，所以又叫同温层。在 25km 以上的平流层，气温随高度的增加而上升，这是因为该层存在臭氧，会吸取太阳辐射热。

3. 中间层

中间层在平流层之上，离地球表面 50～85km。在该层内，气温先随高度的增加而上升，在 53km 处达 282.66K，之后再下降，在 80km 处降到 196.66K。该层空气非常稀薄，质量仅占整个大气质量的 1/3000。

4. 电离层

电离层从中间层顶延伸到 800km 的高空。该层的特点是：空气极为稀薄，仅占整个大气质量的 0.5%。大气中的氮、氧分子由于受到宇宙高能粒子的冲击和照射，电离成为离子和自由电子，带有很强的导电性，能吸收、发射和折射无线电波。有了电离层，某些频率的无线电波就可以沿地球的曲面传送，这对远距离无线电通信起着很大的作用。

该层的另一个特点是：温度随高度的增加而上升，这是由于电离层中的宇宙尘能吸收太阳热量，并且空气在电离时也释放出很多热量，因此电离层又称为暖层。

5. 散逸层

散逸层又称为外层，是地球大气的最外层，它的边缘与极其稀薄的星际气体没有明显的分界，一般认为在 2000～3000km 的高度。由于远离地面、受地球引力作用小，因此大气分子不断向行星际空间逃逸。

2.1.2　大气的物理特性与标准大气

1. 大气的物理特性

1）连续性

大气是由分子构成的，在标准状态下（在气体温度为 15℃、一大气压的海平面上），每立方毫米的空间里含有 $2.7×10^{16}$ 个分子。当飞行器在这种空气介质中运动时，由于飞行器的外形尺寸远大于气体分子的自由行程，因此在研究飞行器和大气之间的相对运动时，气体分子之间的距离完全可以忽略不计，即把气体看成是连续的介质。这就是空气动力学中的连续性假说。

随着海拔高度的增加，大气的密度越来越小，故气体分子的自由行程越来越大。在地球表面气体分子的自由行程很小，大约为 $6×10^{-6}$cm。当飞行器在 40km 以下的高度上飞行时，可以认为是在稠密的大气层内飞行，这时气体可以看成是连续的。在 120～150km 的高度上，气体分子的自由行程大约与飞行器的外形尺寸在同一个数量级的范围之内。在 200km 的高度上，气体分子的自由行程有好几千米，在此情况下，大气就不能看作连续介质了。

2）压强

大气压强是指物体在单位面积上所承受的大气的法向作用力的大小。由于大气中的气体分子都是向四面八方做不规则运动的，因此大气压力也是向四面八方作用的。

在静止的大气中，无论哪一处的大气都没有垂直方向的运动。这表明任何一处的大气所受到的垂直方向的力都是平衡的，即静止大气中每处的气压都与该处上空的大气柱重力平衡。从数量上来说，大气压强也就是物体在单位面积上所承受的大气柱的重力。压强的单位是[牛/米^2]或[帕]，即 N/m^2 或 Pa。

3）黏性

大气的黏性是其在流动时表现出的一种物理性质。

首先，介绍一个能突出大气黏性的实验。假设有一股直匀流动气流（气流是直线的，速度 v_∞ 是均匀的），在气流里顺着气流放置一块无限薄的平板，用尺寸十分小的测量风速的仪器去测量平板附近沿平板法线方向气流速度的分布情况，测量结果如图 2.1（a）所示。气流在没有流到平板以前是均匀的，一流到平板上，直接贴着板面的那层气流的速度降为零；沿平板的法线向外，气流的速度由零逐渐变大，直到离平板相当远的地方流速才和原来的流速 v_∞ 没有显著的差别。

大气的黏性，主要是气体分子做不规则运动的结果。为了便于说明这个问题，设想把流动的空气划分为若干层，取出其中流速不同的相邻两层进行研究，如图 2.1（b）所示。从图中可以看出，当下层流得快的大气分子由于不规则运动而侵入上层时，就会促使上层大气加速。同样上层流得慢的气体分子进入下层，使得下层气体减速。所以说，大气分子的不规则运动是造成大气黏性的主要原因。

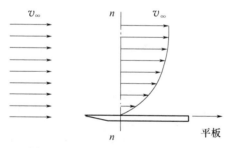 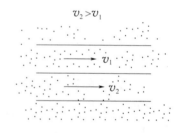

图 2.1（a）　大气黏性实验示意图　　图 2.1（b）　流速不同的相邻大气层

相邻大气层相互牵扯的作用力，叫作大气的黏性力或大气的内摩擦力。大气流过物体所产生的摩擦阻力也与大气的黏性有关。

4）可压缩性

气体的可压缩性是指气体的压强改变时其密度和体积改变的性质。

不同状态的物质其可压缩性也不同。液体物体几乎可以看成是不可压缩的物质。气体则不然，当压强发生变化时，体积（或密度）很容易发生变化，故大气应看成是可压缩的介质。

当大气流过飞行器表面时，压强会发生变化，密度也会随之发生变化。但是，当气流的速度很低时，压强的变化量较小，因此密度的变化也很小。研究大气低速流动的有关问题时，可以不考虑大气的可压缩性。当大气流动的速度较高时，就必须考虑大气的可压缩性。由于可压缩性的影响，大气以超音速和低速流过飞行器表面时会有很大的差别，在某些方面甚至还会发生质的变化。

2. 标准大气

由于大气的物理性质（温度、密度、压强等）是随地理位置、季节和高度变化的，因此航空器上产生的空气动力也会发生变化，从而航空器的飞行性能也会发生变化。为了使在进行航空器设计、试验和分析时所用的大气物理参数不因地而异，必须建立一个统一的标准，即所谓的标准大气。标准大气依据实测资料，可以用简化的方程近似表示大气的温度、密度、压强、声压等参数的平均铅垂分布。将按照上述公式计算出来的大气参数根据高度的变化排列成表，即为标准大气表，如表 2-1 所示是国际标准大气简表。从表中可以很方便地查出各个高度的标准大气状态参数。

国际标准大气规定：（1）大气被看成是完全气体，即服从状态方程；（2）海平面的高度为零。在海平面上，大气的标准状态为：气温 $T=273+15K$（15℃）；压强 $p=1$ 标准大气压（101320N/m^2）；密度 $\rho=1.2250kg/m^3$；音速 $a=341m/s$。

表 2-1　国际标准大气简表

H/km	T/K	$p\times10^{-4}$ /Pa	ρ/ (kg/m^3)	a/ (m/s)	$\mu\times10$/ (N·s/m^2)
0	288.15	10.13252	1.22505	340.29	1.7894
1	281.65	8.98758	1.11168	336.43	1.7578
2	275.15	7.94956	1.00646	332.53	1.7260
3	268.65	7.01087	0.90913	328.58	1.6937
4	262.15	6.16407	0.81013	324.58	1.6611
5	255.65	5.40199	0.73612	320.53	1.6281
6	249.15	4.71808	0.65969	316.43	1.5948
7	242.65	4.10604	0.58950	312.27	1.5609
8	236.15	3.56001	0.52517	308.06	1.5268
9	229.65	3.07429	0.46635	303.79	1.4922
10	223.15	2.64358	0.41270	299.46	1.4571
11	216.65	2.26318	0.36391	295.07	1.4216
12	216.65	1.93309	0.31083	295.07	1.4216
13	216.65	1.65105	0.26549	295.07	1.4216
14	216.65	1.41020	0.22675	295.07	1.4216
15	216.65	1.20445	0.19367	295.07	1.4216
16	216.65	1.02872	0.16542	295.07	1.4216
17	216.65	0.87867	0.14128	295.07	1.4216
18	216.65	0.75048	0.12068	295.07	1.4216
19	216.65	0.64100	0.10307	295.07	1.4216
20	216.65	0.54749	0.08803	295.07	1.4216

（续表）

H/km	T/K	$p\times10^{-4}$/Pa	ρ/ (kg/m³)	a/ (m/s)	$\mu\times10$/ (N·s/m²)
21	217.65	0.46779	0.07487	295.75	1.4271
22	218.65	0.39997	0.06373	296.43	1.4326
23	219.65	0.34224	0.05428	297.11	1.4381
24	220.65	0.29305	0.04627	297.78	1.4435
25	221.65	0.25110	0.03946	298.46	1.4490
26	222.65	0.21331	0.03369	299.13	1.4544
27	223.65	0.18474	0.02878	299.80	1.4598
28	224.65	0.15863	0.02469	300.47	1.4652
29	225.65	0.13629	0.02104	301.14	1.4706
30	226.65	0.11719	0.01801	301.80	1.4760
31	227.65	0.10082	0.01548	302.47	1.4814
32	228.65	0.08680	0.01323	303.13	1.4868

2.2 气流特性

2.2.1 相对运动原理

假设飞机在静止的大气中（无风状态）做水平等速直线飞行。如果观察者乘坐在高空气球（固定在空气中的某一个位置）上来描述飞机在静止大气中做水平等速直线飞行这一运动状态，那么飞机将以速度 v_∞ 向左飞行，并将扰动周围的空气使之产生相对运动，如图 2.2（a）所示。按照牛顿力学第三定律（力的作用与反作用原理），运动的空气将同时在飞机的外表面上产生空气动力。

如果另一个观察者乘坐在飞机上，那么观察到的将是另一个情景：远前方空气（连同前一个观察者及乘坐的气球）以速度 v_∞ 流向静止不动的飞机，但方向相反，如图 2.2（b）所示。远前方气流流过飞机外表面时，空气的流动速度 v、压强 p 等都将发生变化并产生空气动力。

由上面的例子可知，作用在飞机上的空气动力不会因观察者角度的变化而改变，无论是飞机在静止的空气中飞行还是气流流过静止的飞机，只要两者的相对运动速度相等，那么飞机上所受的空气动力就完全相等。这个原理叫作"相对运动原理"。

利用这个原理，飞机以速度 v_∞ 做水平直线飞行时，作用在飞机上的空气动力的大小与远前方空气以速度 v_∞ 流向静止不动的飞机时所产生的空气动力的大小完全相等。该原理被广泛地应用于航空、航天、航海及陆路运输等领域，例如，"风洞实验"就是建立在这个原理基础之上的。

2.2.2 稳定气流

要研究空气动力，首先要了解气流的特性。气流的特性是指空气在流动中各点的流速、压力和密度等参数的变化规律。而稳定气流，是指空气在流动时，空间各点上的参数不随时间而变化。如果空气流动时，空间各点上的参数随时间而变化，那么这样

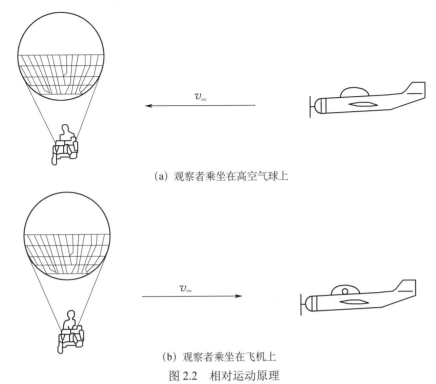

（a）观察者乘坐在高空气球上

（b）观察者乘坐在飞机上

图 2.2　相对运动原理

的气流称为不稳定气流。

在稳定气流中，空气微团流动的路线叫作流线。气流流过物体时，由许多流线组成的图形，叫作流线谱（见图 2.3、图 2.4、图 2.5）。流线谱真实地反映了空气流动的全貌，从流线谱中可以看出空间各点空气流动的方向，也可以比较空间各点空气流动速度的快慢。

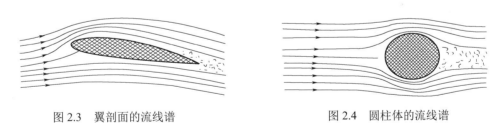

图 2.3　翼剖面的流线谱　　　　　图 2.4　圆柱体的流线谱

因为空气微团总是沿着流线流动，所以在流线一边的空气不会流到流线的另一边，对管道的横截面而言，任何相邻流线都可以看成是管道的管壁，两条流线之间的空气就像沿着管道流动一样，通常把由流线组成的管子叫作流管，如图 2.6 所示。

流线愈稠密，流线之间的距离就愈小，即流管愈细。相反，流线愈稀疏，流线之间的距离就愈大，即流管愈粗。

如果流动是稳定的，由于同一条流线上的空气微团都以同样的轨道流动，因此，流管的形状就不随时间而变化。那么在稳定流动中，整个气流可以认为是由许多单独的流管组成的。

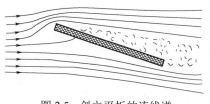

图 2.5　斜立平板的流线谱

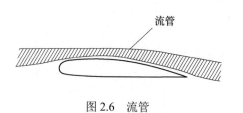

图 2.6　流管

2.2.3　连续性定理

流体绕流物体时，物体的各个物理量如速度、压力和温度等都会发生变化。这些变化必须遵循的基本物理定律包括：质量守恒定律、牛顿运动第三定律、热力学第一定律（能量守恒与转换定律）和热力学第二定律等。用流体流动过程中的各个物理量描述的基本方程组，是空气动力学理论分析和计算的出发点，也是用实验方法解释飞机空气动力特性与规律的基础。

当流体连续不断且稳定地流过一个粗细不等的流管时，在管道粗的地方流速比较慢，在管道细的地方流速比较快，如图 2.7 所示。这是由于流管中任一个部分的流体既不能中断也不能堆积，因此在同一时间，流进任一个截面的流体质量和从另一个截面流出的流体质量应该相等，这就是质量守恒定律。

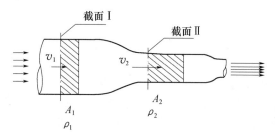

图 2.7　气流在不同管径中流速的变化

在单位时间内，流过任一个截面的流体体积等于流体流过该截面的速度乘以该截面的面积，而流体体积与流体密度相乘，即为单位时间内流过该截面的流体质量。即

$$m=\rho v A \qquad (2-1)$$

式中：

m——单位时间内流过任一个截面的流体质量（kg/s）；

ρ——流体密度（kg/m^3）；

v——流体流速（m/s）；

A——所取截面面积（m^2）。

在单位时间内，通过截面Ⅰ和截面Ⅱ的流体质量应相等，即

$$m_1=m_2=常数$$

$$\rho_1 v_1 A_1=\rho_2 v_2 A_2=常数 \qquad (2-2)$$

这就是质量方程或连续方程。它说明通过流管各横截面的流体质量必须相等。

对于不可压缩流体，$\rho_1=\rho_2=$常数，则式（2-2）变为

$$v_1 A_1= v_2 A_2 \qquad (2-3)$$

由式（2-3）可知，对于不可压缩流体来说，通过流管各横截面的体积流量必须相

等。它表明，流管横截面积变小，流体流速必须增大；反之，流管横截面积变大，流体流速必须减小，否则将违背质量守恒定律。也就是说流体流速的快慢与管道截面面积的大小成反比，这就是连续性定理。在日常生活中，常常可以发现在河床浅而窄的地段，河水流得比较快；在河床深而宽的地段，河水流得比较慢。此外，山谷里的风通常比开阔平原的风大，也是这个原理。

2.2.4　伯努利定理

在日常生活中可以观察到，当空气流速发生变化时，空气压力也相应地发生变化的例子。例如，向两张纸片中间吹气，两张纸片不是彼此分开，而是互相靠拢，这说明两张纸片中间的空气压力小于两张纸片外部的大气压力。又如，河中并排行驶的两条船会互相靠拢，这是因为河水流经两船中间因水道变窄会加快流速而降低压力，但河水流过两船外部时，流速和压力的变化不大，这样两船中间同两船外部形成水的压力差，从而使两船靠拢。

从上述现象中可以看出流速与压力之间的关系，简单地说就是：流体在流管中流动，流速快的地方压力小，流速慢的地方压力大，这就是伯努利定理的基本内容。

我们从能量的角度来讨论上述现象。根据能量守恒定律，能量既不会消失，也不会无中生有，只能从一种形式转化为另一种形式。在低速流动的空气中，参与转换的能量有两种：压力能和动能。一定质量的空气，具有一定的压力，能推动物体做功。压力越大，压力能也越大。此外，流动的空气还具有动能，流速越大，动能也越大。

在稳定气流中，对于一定质量的空气而言，如果没有能量消耗，也没有能量加入，那么其动能和压力能的总和是不变的。这就是流速加快，动能增大，压力能减小；流速减慢，动能减小，压力能增大的原因。它们之间的关系可以用静压、动压和全压来说明。

静压是空气作用于物体表面的静压力，大气压力就是静压。动压则蕴藏于流动的空气之中，没有作用于物体表面，只有当气流流经物体，流速发生变化时，动压才能转化为静压，从而作用于物体表面。当我们逆风前进时，感到迎面有压力，就是这个原因。空气的动压大小与其密度成正比，与气流速度的平方成正比，也就是说，动压等于单位体积空气的动能。

全压是空气流过任何一点时所具有的静压和动压之和。根据能量守恒定律，飞机飞行时，相对气流中的空气全压就等于当时飞行高度上的大气压加上相对气流中飞机前方的空气所具有的动压。用数学表达式表示为：

$$P + \frac{1}{2}\rho v^2 = C \text{（常量）} \tag{2-4}$$

式中：

P——静压；

$\frac{1}{2}\rho v^2$——动压；

C——全压。

应当注意，式（2-4）在下述条件下才成立：

（1）气流是连续的、稳定的；

（2）流动中的空气与外界没有能量交换；

（3）气流中没有摩擦，或者摩擦很小，可以忽略不计；

（4）空气的密度没有变化，或者变化很小，可视为不变。

由式（2-4）可以看出，全压一定时，静压和动压可以互相转化，当气流的流速加快时，动压增大，静压必然减小；当流速减慢时，动压减小，静压必然增大。

综合连续性定理和伯努利定理，可总结出如下结论：流管细的地方，流速快，压力小；反之，流管粗的地方，流速慢，压力大。根据这一结论，就可以初步说明在机翼上产生升力的原因了。

2.3 升力和阻力的产生

2.3.1 机翼的形状

飞机由机翼、机身和尾翼（水平尾翼，简称平尾；垂直尾翼，简称立尾）等主要部件构成。

机翼是产生升力和阻力的主要部件。飞机性能与作用于机翼上的空气动力特性密切相关，作用于机翼上的空气动力特性受机翼外形的影响。机翼的几何外形可以分为平面几何形状和剖面几何形状。

1. 机翼的平面几何形状

如图 2.8（a）所示，机翼的平面几何形状中最重要的参数有：

机翼展长 b——机翼左翼尖和右翼尖之间最大的横向距离。

外露根弦长 c_0 和机翼梢弦长 c_1。

前缘后掠角 Λ_0——机翼前缘线同垂直于翼根对称平面的直线之间的夹角。

毛机翼根弦长 c_0'——沿前缘线和后缘线做延长线与机身中心线相交时所得的长度。这是一个假想的弦长。

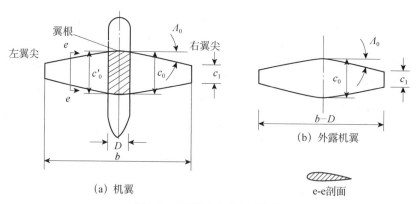

图 2.8 机翼的平面几何形状

对于图 2.8 中的直边形机翼，$c_{pj} = (c_0 + c_1) / 2$ 称为外露机翼的几何平均弦长；如果机身和外露机翼连接段的宽度为 D，那么外露机翼的翼展为 $(b - D)$；如图 2.8（b）外露机翼（也称净机翼）的平面面积为

$$S_{w1} = c_{pj}(b - D) \tag{2-5}$$

对于包括图 2.8（a）所示的阴影面积在内的机翼，称为毛机翼，它的几何平均弦长为 $c'_{pj} = (c'_0 + c_1) / 2$ ，毛机翼的平面面积为

$$S = c'_{pj}b \tag{2-6}$$

净机翼是气流真实流过的、产生空气动力的机翼。而毛机翼只是一个假想的机翼，但许多飞机说明书上所说的飞机机翼面积往往就是这个毛机翼的面积 S ，它是一个通用的参考面积。

另外还有两个重要的参数，即机翼的展弦比和梢根比（又称梯形比）。展弦比是指机翼展长与平均几何弦长之比，梢根比是指机翼梢弦长与翼根弦长之比。就毛机翼而言，它的展弦比和梢根比分别为

$$A = b / c'_{pj} = b^2 / S \tag{2-7}$$

$$\lambda = c_1 / c'_0 \tag{2-8}$$

2. 机翼剖面的几何形状

用平行于对称平面的切平面切割机翼所得的剖面，称为翼剖面（简称翼型）。一般，翼型的几何形状分为两大类，一类是圆头尖尾翼型，另一类是尖头尖尾翼型。飞机上采用的绝大多数为圆头尖尾翼型。在每类翼型中又分为对称翼型和非对称翼型，如图 2.9 所示。平板和弯板是最古老、最简单的尖头尖尾翼型，但它们的空气动力性能太差，结构受力情况也不好，只在航空发展的初期被采用过，目前只有理论研究价值。下面介绍翼型几何形状的参数。

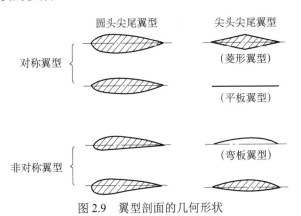

图 2.9　翼型剖面的几何形状

（1）几何弦长（线） c ——连接翼型的前缘点 $(x = 0)$ 和后缘点 $(x = c)$ 的直线长度，见图 2.10，这是一个基准长度。平板翼型仅由弦线构成，翼型的厚度等于零，是最简单的翼型。

（2）厚度分布 y_t 。图 2.10（a）所示翼型，称为有厚度的对称翼型。它的上下翼面坐标如用 y_u 和 y_l 表示，则有 $y_l = -y_u$ 。在弦向任一位置 x 处，翼型的厚度 $t = y_u - y_l = 2y_u$ 。一个有厚度的对称翼型，就是以几何弦长为"骨架"，沿弦线上下叠加厚度分布 y_t 和 $-y_t$ 构成的。表示厚度分布特征的参数有最大（相对）厚度 $\bar{t} = t_m / c$ 及其所在弦向相对

位置（称为最大厚度位置）$\overline{x}_t = x_m / c$，前缘半径 r_1 和后缘角 τ 等。

（3）有厚度的非对称翼型如图 2.10（b）所示。构造非对称翼型的"骨架"（称为中弧线的弯板），它的高度 y_f 的分布（中弧线方程）称为弯度分布。表示弯度分布特征的参数有最大（相对）弯度 $\overline{y}_f = y_{fm} / c$（$y_{fm}$ 是 y_f 的最大值）及其所在的弦向相对位置（称为最大弯度位置）$\overline{x}_f = x_{fm} / c$（$x_{fm}$ 是 x_f 的最大值）。按需要选择好厚度分布 y_t 后，沿中弧线上下叠加，即得到有厚度的非对称翼型，上下翼面的坐标值的表达式为

$$\begin{cases} y_u = y_f + y_t \\ y_l = y_f - y_t \end{cases} \tag{2-9}$$

$$\begin{cases} y_f = \dfrac{1}{2}(y_u + y_l) \\ y_l = \dfrac{1}{2}(y_u - y_l) \end{cases} \tag{2-10}$$

通常，可以从有关空气动力手册上查到选用翼型的上下翼面的坐标值 y_u 和 y_l。利用式（2-10）可以求得该翼型的厚度分布 y_t 和弯度分布 y_f。

机身的功能是装载发动机、各种系统和设备及有效载荷（如乘员、货物等），并把其他部件有效地连接在一起，因此机身外形比较复杂，如图 2.11 所示。不过，在进行飞机空气动力分析时，可以把机身当作当量旋成体来处理，即按机身横截面积 $S_{sh}(x)$ 沿轴线的分布（并适当光滑一下），按式（2-11）

$$D_d = \sqrt{4 S_{sh}(x) / \pi} \tag{2-11}$$

换算成当量直径来构造当量旋成体。

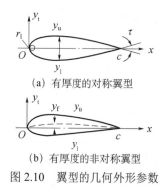

（a）有厚度的对称翼型

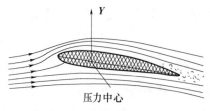

（b）有厚度的非对称翼型

图 2.10　翼型的几何外形参数

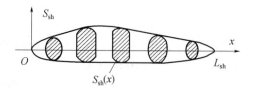

图 2.11　机身的外形

2.3.2　升力

1. 机翼升力的产生

空气流过机翼的流线谱如图 2.12 所示，从图中可以看出：空气流到机翼前缘，分成两股，分别沿机翼上、下表面流过，在机翼后缘重新汇合向后流去。因为机翼上表面凸起，所以流管变细，根据连续性定理和伯努利定理，流管细处流速快，压力小；在机翼下表面，流

图 2.12　空气流过机翼的流线谱

管相对上表面粗，流速比较慢，压力也较
大，因此，机翼的上、下表面产生了压力
差。垂直于相对气流方向的压力差的总
和，就是升力。机翼升力的着眼点，即升力
作用线与翼弦的交点是压力中心。

空气流过机翼表面的压力变化，可以通
过实验来测定，如图 2.13 所示是测定机翼
表面各点压力的实验示意图。在风洞中放入
一段机翼模型，在机翼表面（沿气流方向）
上、下已选定的各点钻小孔，用橡皮软管分
别连到多管压力计上，当气流流过机翼表面
时，多管压力计就测量出表面压力的大小。
从图中可以看出，当机翼产生升力时，连通
机翼上表面各点（如 1 点至 8 点）的水柱比
连通大气的水柱高，这说明相应各点的压力
比大气压力小。水柱的高出量越多，就说明
该处的压力越小，或者说吸力越大；相反，连通机翼下表面各点（如 9 点至 16 点）的
水柱比连通大气的水柱低，这说明相应各点的压力比大气压力大。水柱的降低量越多，
该处的正压力越大。这样一来，机翼在上、下表面压力差的作用下，产生向上的升力。

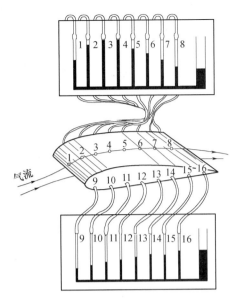

图 2.13 测定机翼表面各点压力的实验示意图

2. 机翼表面的压力分布

机翼表面上各点压力的大小，可以用箭头的长短来表示，如图 2.14 所示是用向量
表示的机翼压力分布图。箭头方向朝外，表示比大气压力小的吸力，或者称负压力；箭
头指向机翼表面，表示比大气压力大的正压力，简称压力。把各个箭头的外端用平滑
的曲线连接起来，这就是用向量表示的机翼压力分布图。吸力用"–"表示，压力用
"+"表示；B 点的吸力最大，称为最小压力点；A 点的压力最大，位于前缘，这里的
流速为零，动压全部变成静压，称该点为驻点。

从压力分布图可以看出，由于机翼上表面吸力所形成的升力在总升力中占主要比
重，为 60%～80%，而下表面的压力所形成的升力，只占总升力的 20%～40%，因此，
我们不能认为飞机会被支托在空中主要是空气从下面冲击机翼的结果。

3. 机翼的迎角

气流与机翼之间的相对位置用迎角表示，如图 2.15 所示。

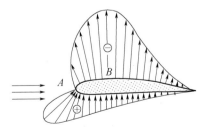

图 2.14 用向量表示的机翼压力分布图

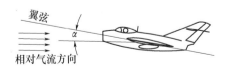

图 2.15 机翼的迎角

迎角 α：翼弦与相对气流方向（飞机运动方向）所形成的夹角被称为迎角。相对气流方向指向机翼下表面，为正迎角；相对气流方向指向机翼上表面，为负迎角；相对气流方向与翼弦重合，迎角为零。飞行中，飞行员可以通过前后移动驾驶盘来改变迎角的大小或正负，飞行中经常使用的是正迎角。

飞机在飞行中，会有不同的飞行姿态。飞行姿态不同，迎角的正、负、大、小一般也不同。判断迎角的正、负、大、小，应当根据迎角本身的含义，即相对气流方向和翼弦平面下表面的夹角为正迎角，相对气流方向和翼弦平面上表面的夹角为负迎角。机翼的迎角改变后，流线谱会改变，压力分布也随之改变，压力中心发生前后移动，如图 2.16 所示是不同迎角下的机翼升力。有关迎角和升力的关系，下文将进行详细介绍。

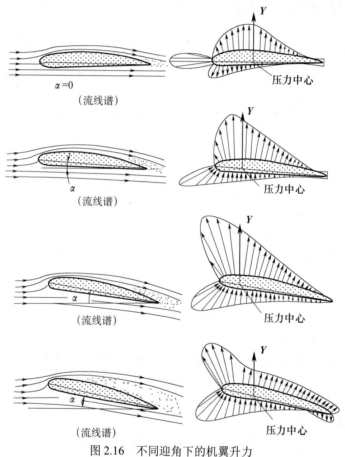

图 2.16　不同迎角下的机翼升力

2.3.3　阻力

阻力是与飞机运动方向相反的空气动力，起着阻碍飞机前进的作用。飞机低速飞行时的阻力按其产生的不同原因可分为摩擦阻力、压差阻力、诱导阻力和干扰阻力等。

1. 摩擦阻力

空气是有黏性的，当它流过飞机表面时，就会产生摩擦阻力。空气流过飞机时，贴近飞机表面的地方，由于空气黏性，会产生一层气流速度逐渐降低的空气流动层，叫作附面层。从图 2.17 中可以看出附面层的底部速度为零，往外速度逐渐增大，到附面层边界，速度不再变化，等于附面层外主流的速度。附面层的厚度是随着气流在机翼上流动距离的增大而增厚，在机翼前缘驻点，附面层厚度为零，离前缘越远，附面层越厚。附面层内的压力沿法线方向是不变的，并且等于法向的主流压力。如图 2.17 中 P_1 点的压力与附面层边界上 Q_1 点的压力是相等的（因为摩擦使得动能转化为热能）。

摩擦阻力的大小与空气的黏性、飞机表面的粗糙程度、飞机表面与空气的接触面积有关。为了减小摩擦阻力，应尽量减小飞机的表面积，并使飞机的表面平整光滑。例如，机体表面采用埋头铆钉或整体壁板等。

2. 压差阻力

运动的物体凡是因前后压力差而形成的阻力，叫作压差阻力。

飞行中，空气流过机翼时，在机翼前缘受到阻挡，流速减小，压力增大；在机翼后缘，由于气流分离形成涡流区，压力减小，从而形成压差阻力，如图 2.18 所示。

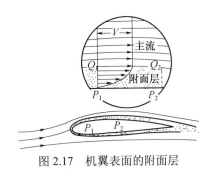

图 2.17　机翼表面的附面层

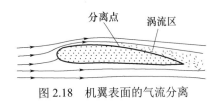

图 2.18　机翼表面的气流分离

分析机翼后缘出现气流分离的原因如下。

在黏性摩擦的作用下，附面层气流的速度总比主流的速度小得多；而在机翼上表面最小压力点以后，直到后缘，主流速度逐渐减小，而压力逐渐增大，这对附面层气流也起阻滞作用，会使其速度进一步减小，以致停滞下来而无力继续向后缘流去。这种沿途递增的压力，会迫使机翼后部的附面层中出现逆流。因此，附面层中逆流而上的空气与顺流而下的空气顶碰，就使得附面层中的气流脱离机翼表面而卷进主流，形成漩涡的气流分离现象。气流脱离机翼表面的位置，叫作分离点，见图 2.18。

机翼表面的气流分离形成涡流区以后，压力为什么会减小呢？一方面，因为涡流区速度大所以压力小；另一方面，空气旋转迅速，产生摩擦，气流中的部分能量转换为热能而散失，因此涡流区的全压比机翼前部的全压小，这也是产生压差阻力的原因。

高速行驶的汽车后面之所以会扬起尘土，就是由于车后涡流区的空气压力小，因此吸起了灰尘。

压差阻力和物体的形状有很大的关系。把一块圆形的平板，垂直地放在气流中，由于平板前面的气流受到阻挡、速度降低、压强增大，而平板后面产生大量漩涡、压强减小，因此前后形成很大的压差阻力［见图 2.19（a）］；如果在平板的前面加一个圆锥体，那么压差阻力可减小 80%［见图 2.19（b）］；如果在平板前后都加一个圆锥体，实验证明压差阻力将会进一步降低 95%［见图 2.19（c）］。这说明物体的流线型越好，对气流的阻挡作用越小，后部的涡流区也越小，所产生的压差阻力也越小。因此，现代飞机采用了很多措施来保持飞机各部分的流线型。

3. 诱导阻力

诱导阻力是随升力的产生而产生的，如果没有升力，就不存在诱导阻力。

飞机的诱导阻力主要来自机翼。从图 2.20 中可以看出，当机翼产生升力时，下表面的压力比上表面的大，下表面的空气会绕过翼尖向上表面流去，在翼尖部分形成扭转的翼尖涡流。

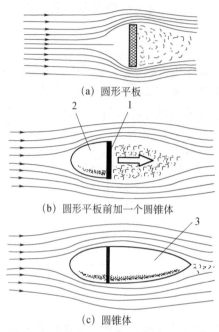

(a) 圆形平板

(b) 圆形平板前加一个圆锥体

(c) 圆锥体

1—圆形平板剖面；2—前部圆锥体；3—后部圆锥体

图 2.19　物体形状对压差阻力的影响

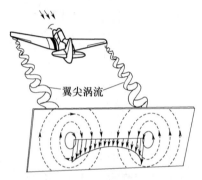

图 2.20　翼尖涡流

翼尖涡流使流过机翼的空气产生下洗速度 w。流过机翼的空气，沿着相对气流速度和下洗速度的合速度方向流动，向下倾斜形成下洗流（见图 2.21）。下洗流沿气流方向向下倾斜的角度，叫下洗角 ε。

我们经常可以看到，飞行中的飞机翼尖处拖着两条白雾状的涡流索。这是因为在旋转的翼尖涡流范围内的压力很小，如果空气中的水蒸气因膨胀冷却，就会凝结成水珠，显示出翼尖涡流的踪迹。

在日常生活中，也可以观察到翼尖涡流的现象。例如，大雁南飞常排成人字形或斜一字形，小雁常位于外侧。按照这样的形状飞行便于后雁利用前雁翅梢处产生的翼尖涡流中的上升气流，可以减轻长途飞行的疲劳。

我们利用图 2.22 来分析产生诱导阻力的原因。升力和相对气流的方向是垂直的，空气流过机翼的速度 v 与下洗速度 w 合成后的下洗流速度 v_1 的方向下倾 ε，机翼的升力也相应向后倾斜同一个角度。这时，升力 Y' 垂直于飞行速度方向的分力 Y 实际起着升力的作用，但其平行于飞机速度方向的分力 $X_{诱导}$ 则起着阻力的作用。这个附加阻力就是诱导阻力，它是由于气流下洗从而使原来的升力发生偏转的。

诱导阻力的大小与机翼的平面形状、展弦比和升力等因素有关。

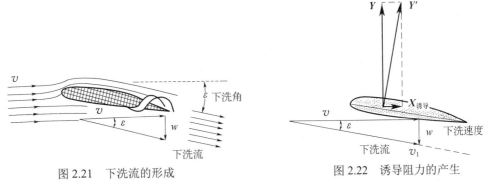

图 2.21　下洗流的形成　　　　　图 2.22　诱导阻力的产生

机翼的平面形状不同，诱导阻力也不同。在其他因素（如速度和升力）相同的情况下，椭圆形机翼的诱导阻力最小，矩形机翼的诱导阻力最大，梯形机翼的诱导阻力介于其中。椭圆形机翼虽然诱导阻力最小，但其制造装配复杂，故一般多使用梯形机翼。机翼面积相同、展弦比不同的两架飞机在升力相同的情况下，其诱导阻力的大小也不同。若展弦比大，则诱导阻力小；若展弦比小，则诱导阻力大（见图 2.23）。其原因是：小展弦比产生的下洗速度较大，升力的倾斜角度也大，从而带来较大的诱导阻力；大展弦比产生的下洗速度较小，升力的倾斜角度也小，所以诱导阻力比较小。

图 2.23　展弦比不同的机翼的下洗速度

如图 2.24 所示是减小诱导阻力的措施。可以通过给翼尖悬挂副油箱，这样空气绕翼尖的上下流动会受到限制，相当于增大了机翼的展弦比，故诱导阻力降低。还可以采取增大展弦比的其他措施，如机翼上安装翼梢小翼。

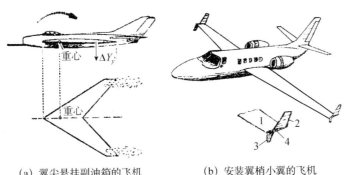

（a）翼尖悬挂副油箱的飞机　　　（b）安装翼梢小翼的飞机

1—机翼；2—上梢小翼；3—下翼梢小翼；4—机翼翼梢剖面

图 2.24　减小诱导阻力的措施

4. 干扰阻力

飞行中，整架飞机的阻力往往大于机翼、机身、尾翼及其他部件在同样气流中的阻力的总和。这种因为各部分气流互相干扰所引起的阻力，叫作干扰阻力。

机身与机翼、尾翼的结合部，机翼下面悬挂的副油箱或发动机吊舱都会产生干扰阻力。例如，机身与机翼连接处的中部，由于机身和机翼的表面都向外凸出，流管变细，流速增大，压力减小；而后部由于机身和机翼的表面都向内弯曲，流管变粗，流速减小，压力增大。这种后面压力大，前面压力小的变化，就促使气流的分离点前移并使翼根后部的涡流区扩大。它所产生的阻力要比机身和机翼两者阻力之和大，这个多出来的阻力，就是干扰阻力（见图2.25）。

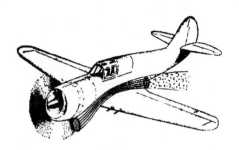

图2.25　机翼和机身之间形成的气流通道造成气流的干扰

为了减小干扰阻力，通常在机身与机翼、尾翼的连接部位安装整流包皮，以避免流管过分扩张而产生气流分离。

低速飞机的4种阻力中，除诱导阻力外，摩擦阻力、压差阻力和干扰阻力都与升力的大小无关，统称为废阻力。

2.3.4　影响升力和阻力的因素

升力和阻力是在飞机与空气之间的相对运动（相对气流）中产生的，影响升力和阻力的基本因素有：机翼在气流中的相对位置（迎角）、飞行速度、气流的速度和空气密度及飞机本身的特点（表面质量、机翼形状、机翼面积、是否使用襟翼和前缘缝翼是否张开等）。为了便于分析，我们在分析一个因素时，假设其他因素不变。

1. 迎角对升力和阻力的影响

1）迎角对升力的影响

在飞行速度等其他条件相同的情况下，机翼得到最大升力的迎角，叫作临界迎角。在小于临界迎角的范围内增大迎角，升力增大；超过临界迎角后，再增大迎角，升力反而减小。这是因为，迎角增大时，一方面在机翼上表面前段，流线更为弯曲，流管变细，流速加快，压力减小，吸力增大；与此同时，在机翼下表面，气流受到阻挡，流管变粗，流速减慢，压力增大，从而使升力增大。但是，另一方面在迎角增大时，由于机翼上表面最小压力点的压力减小，因此，后缘部分的压力比最小压力点的压力大得多，于是在上表面后部的附面层中，空气向前倒流的趋势增强，气流分离点向前移动，涡流区扩大，就会破坏空气的平顺流动，从而使升力减小。在中、小迎角，增大迎角时，分离点前移缓慢，涡流区只占机翼后部的一小段范围，这对机翼表面空气的平顺流动影响不大，因此，在小于临界迎角的范围内，迎角增大，升力增大，到临界迎角时，升力达到最大。

超过临界迎角后，迎角再增大时，分离点迅速前移，涡流区迅速扩大，严重破坏空气的平顺流动，机翼上表面前段的流管变粗，流速减慢，吸力减小。从分离点到机翼后缘的涡流区内，压力大致相同，比大气压力稍小。在靠近机翼后缘的一段范围内，吸力虽稍有增加，但很有限，补偿不了前段吸力的减小。所以，超过临界迎角以后，迎角再增大，升力反而减小，这种现象叫作失速。

改变迎角，不仅升力的大小要发生变化，而且压力中心也要发生前后移动；迎角由小逐渐增大时，由于机翼上表面前段吸力增大，压力中心前移；超过临界迎角以后，机翼前段和中段吸力减小，而机翼后段吸力稍有增加，所以压力中心后移，见图 2.16。

2）迎角对阻力的影响

在低速飞行时，机翼的阻力有：摩擦阻力、压差阻力和诱导阻力。

实验表明，迎角增大，摩擦阻力一般变化不大。迎角增大，分离点前移，机翼后部的涡流区扩大，压力减小，机翼前后的压力差增加，故压差阻力增加。迎角增大到超过临界迎角以后，由于分离点迅速前移，涡流区迅速扩大，因此压差阻力急剧增加。

小于临界迎角，迎角增大时，由于机翼上、下表面的压力差增大，使翼尖涡流的作用更强，下洗角增大，导致实际升力更向后倾斜，故诱导阻力增大。超过临界迎角，迎角增大时，由于升力减小，因此诱导阻力随之减小。

综上所述，在小迎角的情况下增大迎角时，由于升力的增加和涡流区的扩大都很慢，压差阻力和诱导阻力的增加都很少，这时机翼的阻力主要是摩擦阻力，因此整个机翼阻力的增加不多。当迎角逐渐变大后再增大迎角时，由于机翼升力的增加和涡流区的扩大都加快，故压差阻力和诱导阻力的增加也随之加快。特别是诱导阻力，在大迎角时，随着迎角的增大增加得更快。因此，诱导阻力此时是机翼阻力的主要部分。超过临界迎角以后，虽然诱导阻力要随着升力的减小而减小，但由于压差阻力的急剧增加，结果使得整个机翼的阻力增加得更快。简单地说，迎角增大，阻力增大；迎角越大，阻力增加越多；超过临界迎角，阻力急剧增大。

2. 飞行速度和空气密度对升力和阻力的影响

1）飞行速度

飞行速度越快，升力和阻力也越大。实验证明，速度增加到原来的两倍，升力和阻力增加到原来的四倍；速度增加到原来的三倍，升力和阻力增加到原来的九倍。即升力、阻力与飞行速度的平方成正比例关系。

飞行速度增大，为什么升力和阻力会随之增大呢？因为在同一个迎角下，机翼流线谱，即机翼周围的流管形状基本上是不随飞行速度改变的。飞行速度愈快，机翼上表面气流速度增大得愈快，压力减小得愈快；与此同时，机翼下表面的气流速度减小得愈快，压力也增大得愈快。于是，机翼上、下表面的压力差相应地增大，升力也相应地增大。

由阻力产生的原因可知，飞行速度增大时，摩擦阻力和压差阻力都要增大，所以总阻力也就随着飞行速度的增大而增大。

2）空气密度

当飞机的飞行速度发生变化时，若空气密度增大，则动压增大，作用在机翼上表面的吸力和下表面的正压力也都增大。所以，机翼的升力随空气密度的增大而增大。阻力的变化也是同样的道理。

实验证明，空气密度增大为原来的两倍，升力和阻力也增大为原来的两倍，即升力和阻力与空气密度成正比例关系。因此，高度升高、空气密度减小，升力和阻力也减小。

3. 机翼面积、机翼形状和表面质量对升力和阻力的影响

1）机翼面积

机翼面积增大，上下表面压力差的总和增大，与空气摩擦的面积增大，因此升力和

阻力增大。实验证明，升力和阻力与机翼面积成正比例关系。

2）机翼形状

机翼形状对升力和阻力的影响很大。

就机翼切面形状来说，相对厚度大，机翼的升力和阻力也大。这是因为，相对厚度大，机翼上表面的弯曲程度也大，一方面使空气流过机翼上表面的流速增大，压力减小，升力增大。另一方面最小压力点的压力小，分离点前移，涡流区扩大，压差阻力增大。实验表明，相对厚度在 5%～12% 的翼型，其升力比较大，相对厚度若超过 14%，则不仅阻力过大，而且升力会因上表面涡流区的扩大而减小。

最大厚度的位置，对升力和阻力也有影响。最大厚度的位置靠前，机翼前缘势必弯曲得更厉害，因此流管在前缘变细，流速加快，吸力增大，升力较大；但由于后缘涡流区大，因此阻力也较大。最大厚度的位置靠近翼弦中央，升力较小，阻力也较小。

在相对厚度相同的情况下，中弧曲度大，表明上表面弯曲比较厉害，流速大，压力小，所以升力比较大。平凸型机翼比双凸型机翼的升力大，对称型机翼的升力最小。中弧曲度大，涡流区大，阻力也大。

机翼的平面形状对升力和阻力也有影响。实验表明，椭圆形机翼的诱导阻力最小，矩形机翼和菱形机翼的诱导阻力最大。展弦比越大，诱导阻力越小。

3）表面质量

飞机表面光滑与否对摩擦阻力的影响很大。飞机表面越粗糙，附面层越厚，转移点越靠前，层流段缩短，紊流段增长，黏性摩擦加剧，摩擦阻力增加。因此，保持飞机表面的光滑能减小飞机的阻力。

飞机的阻力对于提高飞机的飞行性能是不利的。因此，在飞机的设计制造和使用维护中，应想方设法减小飞机的阻力。下面根据阻力产生的不同原因，介绍减小飞机阻力可以采取的一些措施。

要减小摩擦阻力，设计时应尽可能减小飞机与空气相接触的表面积，同时应将飞机表面打磨光滑。在维护使用中，要保持飞机表面的光洁。

要减小压差阻力，应尽可能将暴露在空气中的各个零部件的外形制作成流线型，并减小迎风面积。对不能收起的起落架和活塞式发动机都应加整流罩。在维护使用中，要保持飞机外形的完好，不要碰伤飞机表面，各种舱的口盖应盖好，同时保持飞机的密封性。

要减小诱导阻力，低速飞机可增大展弦比或采用梯形翼，高速飞机可在翼尖悬挂副油箱或安装翼尖翼刀等。

要减小干扰阻力，设计时应妥善安排飞机各部件的相对位置，同时应在各部件连接处安装整流包皮。

采取上述措施，对减小飞机的阻力，提高飞机的飞行性能是有利的，但在某些情况下，阻力对飞机的飞行不但无害而且还是必须的。如在空战中，为了提高飞机的机动性，有时必须打开减速板，增加飞机阻力，快速降低飞行速度，以便绕到敌机后面的有利位置进行攻击；飞机着陆时，通过增加飞机阻力来缩短着陆滑跑距离；高速飞行时还可以通过打开减速板和减速伞使飞机减速。

归纳影响升力和阻力大小的因素，现将升力和阻力的计算公式总结如下：

升力公式
$$Y = C_y \frac{1}{2} \rho v^2 S \qquad (2\text{-}12)$$

阻力公式
$$X = C_x \frac{1}{2} \rho v^2 S \qquad (2\text{-}13)$$

式中：Y——升力（N）；

X——阻力（N）；

ρ——空气密度（kg/m³）；

v——飞行速度（m/s）；

S——机翼面积（m²）；

C_y——升力系数；

C_x——阻力系数。

升力和阻力公式综合表达了影响升力和阻力的诸因素与升力和阻力大小的关系。式中，空气密度、飞行速度和机翼面积对升力和阻力大小的影响已在前面叙述过，这里着重分析升力系数和阻力系数。

升力系数和阻力系数，其数值通过试验测定。它们分别代表迎角、机翼形状和飞机的表面质量等因素对升力和阻力的综合影响。从公式中可以看出，空气密度、飞行速度和机翼面积可以用它们本身的数值大小来直接表达它们对升力和阻力的影响。但是迎角、机翼形状和飞机的表面质量对升力和阻力的影响就比较复杂，它们是通过流线谱的改变来影响升力和阻力的。所以，必须通过风洞实验准确地测出升力、阻力和动压，才可以利用升力和阻力公式计算出升力系数和阻力系数。

在飞行中，机翼形状和飞机的表面质量一般是不变的。此时，升力系数和阻力系数几乎全由迎角的大小决定。

2.3.5 空气动力的实验设备——风洞

飞机的升力和阻力大小及其相对关系，对于飞机的飞行性能有很大的影响，要提高飞机的飞行性能，应使其升力大、阻力小，同时应使飞机具有良好的空气动力特性。怎样才能知道飞机升力和阻力的变化量呢？除通过进行必要的计算外，最重要的途径就是通过实验获得必要的数据，目前应用最广泛的空气动力实验设备是风洞。

风洞实际上是一个人工气流通过的洞道，也就是一种利用人造风来进行实验的工具。根据相对运动原理，只要飞机与空气之间的相对速度相同，无论是飞机静止空气运动，还是飞机运动空气静止，在飞机上产生的空气动力都是一样的。在风洞中，就是利用人造风吹过飞机或机翼模型来研究模型上产生的空气动力的大小和变化的。为了尽可能地保证风洞实验结果与飞行的实际情况相符，必须做到以下三点：

首先，应尽量保证实验模型与真实飞机的形状一致，即把模型各部分的几何尺寸按真实飞机的尺寸以同一个比例缩小。其次，必须将模型各部分的气流速度大小与真实飞机各部分的气流速度大小做成同一个比例，并且流速方向也要相同，也就是二者在气流中的相对位置必须相同。例如，二者的迎角相等。此外，实验时风洞中的气流扰动情况，也要与实际飞行时的气流扰动情况相同，即"运动相似"。此外，还必须使作用于模型上的空气动力——升力和阻力，同作用于真实飞机上的空气动力的大小成比例，并且方向相同，即"动力相似"。

要做到"动力相似"，困难之处在于阻力的变化。因为随着速度的增大，升力和压差阻力增加得较快，而摩擦阻力增加得较慢。由于实验模型的尺寸一般比真实飞机要小得多，并且风洞中的风速也比真正的飞行速度小得多，因此摩擦阻力在总阻力中所占的比例必然大得多。所以要做到"动力相似"，必须使模型的摩擦阻力在总阻力中所占的比例同真实飞机的摩擦阻力在其总阻力中所占的比例一样，为此，就必须使模型试验时的雷诺数（Reynolds Number，用符号 Re 表示）同真实飞机的雷诺数一样。

雷诺数是用来表明摩擦阻力在模型或真实飞机的总阻力中所占比例大小的一个系数。雷诺数与摩擦阻力在总阻力中所占比例的大小成反比，即雷诺数大，摩擦阻力所占的比例小；反之则大。因为雷诺数与空气黏性系数成反比，用数学形式可表示为：

$$\mathrm{Re} = \frac{\rho v L}{\mu} \tag{2-14}$$

式中，ρ 为空气密度；v 为风洞中的风速或飞机的飞行速度；L 为飞机或模型的某一个具有代表性的几何尺寸，如机翼翼弦弦长。飞机各部分的几何尺寸之间有一定的比例关系，根据任意部分的尺寸可以得出其他部分的尺寸，以至整个飞机或模型的尺寸；μ 为空气的黏性系数。

由上述情况可知，如果用风洞实验数据来计算飞机的空气动力，就必须选用雷诺数相近，最好是相等的数据，这样才能获得比较准确的结果，否则误差太大。

1. 低速风洞

图 2.26 所示是一种结构最简单的直流式低速风洞。风洞的人造风是由风扇产生的，风洞则由电动机带动，调整电动机的转速，就可改变风扇的转速，从而改变风洞中气流的流速。人造风首先通过收敛段，使气流收缩，速度增加；气流通过整流格，使涡流减小，气流平滑，然后以平稳的速度通过实验段，飞机模型或机翼模型就放在这里。气流从实验段流过扩散段，使流速降低，减少能量的损失。最后气流通过防护网流出风洞，防护网的作用是保护风扇的叶片。

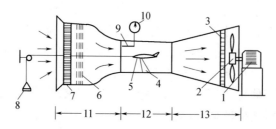

1—电动机；2—风扇；3—防护网；4—支架；5—飞机模型；6—铜丝网；7—整流格；
8—空气动力天平；9—空速管；10—空速表；11—收敛段；12—实验段；13—扩散段

图 2.26　直流式低速风洞

风洞实验需要很多精密的仪器设备，如测量模型中测量空气动力大小的天平。天平按测量力和力矩的大小，分为一分力、二分力、三分力、四分力和六分力等几种。最精密的六分力天平可以测量三个力和三个力矩，一般的空气动力天平可以测量两个力和一个力矩。此外还需要测量气流速度的空速表和空速管，以及温度计、气压计和湿度计等。

低速风洞中还有一种回路式风洞,它的工作情况与直流式风洞相同。回路式风洞的特点是,气流在回路中不断地循环流动。与直流式风洞相比,在二者的实验段尺寸和电动机功率都相同的情况下,回路式风洞实验段中的气流速度要大一些,对实验也更有利。

烟风洞也是一种低速风洞,主要用于流动画面的显示。它的特点是有一套发烟装置,并且需要在实验段进口截面上布置排烟管嘴的位置等,它主要用于形象地显示环绕实验模型的气流流动情况,使观察者可以清晰地看出模型的流线谱,或者拍摄出流线谱的照片。

2. 高速风洞

高速风洞包括亚音速、跨音速、超音速及高超音速风洞。超音速风洞的特点是,人造风的速度是超音速的,超音速气流则由超音速喷管产生。超音速喷管(又称拉瓦尔喷管)是一个蜂腰形的管子——两头粗中间细的管子,把它安装在试验段之前可产生超音速气流。超音速风洞按照工作时间的长短,可分为暂冲式(又称间歇式)和持续式两种。

图 2.27 是一座直流暂冲式超音速风洞的示意图。这种风洞靠高压空气和大气之间的压力差工作,先用电动机带动空气压缩机给空气加压力,然后把高压空气储存在储气罐中备用。风洞开始工作时,先打开快速阀门让高压空气迅速流过稳定段中的整流格,然后进入产生超音速气流的超音速喷管,模型放在实验段中进行实验。流过模型的超音速气流再经过扩压段来降低气流速度。在实验段的出口,超音速气流先在收缩管道中减速,在喉道处(俗称第二喉道)变为音速气流,然后在扩张管道中加速变为超音速气流,最后通过一道正激波减速变为亚音速气流后继续减速直到流出风洞。这类风洞的工作时间比较短,一般只有几分钟或更短一些,因为储气罐储存的高压空气量是有限的,所以称暂冲式风洞。

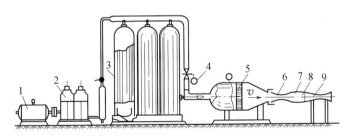

1—电动机;2—空气压缩机;3—储气罐;4—整流格;5—超音速喷管;
6—实验段;7—模型;8—扩压段;9—快速阀门
图 2.27 一座直流暂冲式超音速风洞的示意图

持续式超音速风洞虽然没有工作时间短的缺点,但是它需要很大的功率。它主要是靠多级压气机来提供超音速气流的,它的超音速喷管喉道的尺寸可以调节,以便改变气流的马赫数。

2.3.6 空气动力的特性曲线

将飞机模型放在风洞中实验,记录不同迎角下的升力和阻力,再根据已知的空气密度、风速和飞机模型的翼面积,用升力和阻力公式计算出不同迎角下的升力系数和阻力系数。对这些实验结果进行分析，绘出升力系数曲线和阻力系数曲线，以及升阻比曲线，这些曲线就是飞机的空气动力特性曲线。

1. 升力系数曲线（$C_y-\alpha$ 曲线）

图 2.28 是某飞机的升力系数曲线，图中横坐标表示迎角 α 的大小，纵坐标表示升力系数 C_y 的大小。从 $C_y-\alpha$ 曲线可以看出，这种飞机的 α 为-3°时的 C_y 为零。升力系数为零时的迎角叫作无升力迎角。翼型不同，无升力迎角的大小就不相等，一般为-4°～0°。对称翼型的无升力迎角为 0°。

随着迎角的增大，在一定范围内，升力系数也随之增大。当迎角增大到临界迎角时，如果迎角继续增大，那么升力系数不但不会增大，反而会减小。临界迎角所对应的升力系数，叫作最大升力系数 C_{ymax}，从图 2.28 中可以看出临界迎角为 16°，对应的最大升力系数 C_{ymax} 为 1.36。超过临界迎角以后，迎角再增大，升力系数迅速下降，这就是失速。

2. 阻力系数曲线（$C_x-\alpha$ 曲线）

图 2.29 是某飞机的阻力系数曲线，从中可以看出，在小迎角下，迎角增大，阻力系数增大得较慢；在大迎角下，阻力系数增大得较快；超过临界迎角以后，阻力系数急剧增大，这是因为机翼后部涡流区扩大，压力减小，压差阻力增大。当超过临界迎角以后，由于气流分离点迅速前移，涡流区扩大到机翼的前部，压力降低得更多，压差阻力也就更大。

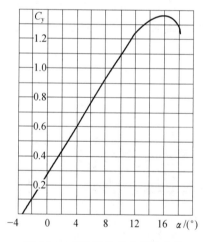

图 2.28 某飞机的升力系数曲线

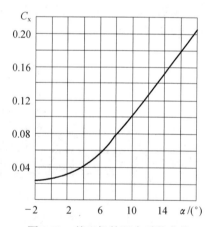

图 2.29 某飞机的阻力系数曲线

在不同的迎角下，各种阻力在飞机总阻力中所占的比重也有所不同。在小迎角下机翼的升力和涡流区都不大，所以诱导阻力和压差阻力都很小，摩擦阻力和干扰阻力是主要的组成部分。在大迎角下升力大，诱导阻力占主要比重。超过临界迎角以后，升力减小，诱导阻力随之减小，压差阻力占主要比重。

3. 升阻比和升阻比曲线

1）升阻比的意义

升力和阻力是互相联系和互相影响的。研究飞机的飞行性能时，不能单从升力或单从阻力一个方面着手，必须把二者结合起来分析升力和阻力之间的关系。通常以升阻比来表示，计算公式如下：

$$K = \frac{Y}{X} = \frac{C_y \frac{1}{2} \rho v^2 S}{C_x \frac{1}{2} \rho v^2 S}$$

或
$$K = \frac{C_y}{C_x} \tag{2-15}$$

升阻比 K，就是在相同迎角下的升力与阻力之比，也就是升力系数与阻力系数之比。升阻比大，说明在取得同样大小升力的情况下阻力比较小。升阻比的大小主要随迎角变化，与空气密度、飞行速度和机翼面积的大小无关。

2）升阻比曲线

把 K 值与其对应的 α 值绘成的曲线就是升阻比曲线，它表达了升阻比随迎角变化的规律。从图 2.30（a）中可以直接看出取得最大升阻比的迎角，即有利迎角（为 4°）。此外，也可以看出无升力迎角（为-3°）。从无升力迎角开始，逐渐增大迎角，因为升力系数比阻力系数增大得快，所以升阻比增大，曲线几乎直线上升，增至有利迎角；曲线到达最高点，再增大迎角，因为升力系数比阻力系数增大得慢，升阻比便减小，曲线向下弯曲。

升阻比曲线的横坐标也可以用升力系数来代替迎角，如图 2.30（b）所示，其同样也可以用于分析升力和阻力之间的关系。

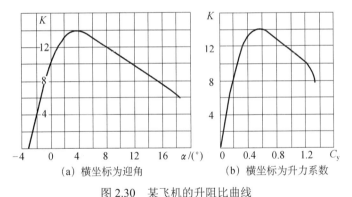

（a）横坐标为迎角　　　　　（b）横坐标为升力系数

图 2.30　某飞机的升阻比曲线

2.4　飞机的重心、机体轴和飞机平衡

我们分析了飞机飞行时空气动力产生的原因和变化规律之后，现在进一步分析飞机在这些空气动力及其本身重力作用下的运动规律，以及在飞行中如何操纵飞机等问题，由此可以了解到涉及飞机设计的一些基本原理。

1. 飞机的重心和机体轴

飞机各部件、燃料、乘员、货物、弹药等重量的合力作用点，叫作飞机重心。重力作用点所在的位置，叫作重心位置。如图 2.31 所示是飞机重心示意图。

飞机在空中的运动，无论怎样错综复杂，总可以分解为：飞机各部分随飞机重心一起的移动和飞机各部分绕飞机重心的转动。驾驶员在空中操纵飞机，改变作用于飞机的空气动力和力矩，以保持或改变飞机重心的移动速度和飞机绕其重心转动的角速度。

经过飞机重心的 3 条互相垂直的、以机体为基准的坐标轴，叫作机体轴。它们分别为机体纵轴 Ox（从机头贯穿机身到机尾，方向指向前）、机体横轴 Oz（从左翼经过飞机重心到右翼并与纵轴垂直）和机体竖轴 Oy（经过重心并与 Ox、Oz 垂直的轴），见图 2.32。

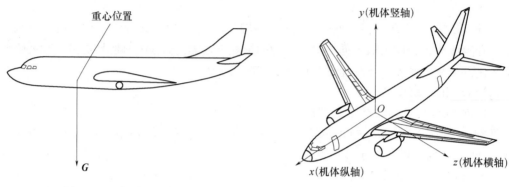

图 2.31　飞机重心示意图　　　　　　　图 2.32　机体轴

飞机绕机体纵轴的转动，称为滚转运动，飞机绕机体竖轴的转动，称为偏航运动，飞机绕机体横轴的转动，称为俯仰运动。

飞机的平衡，是指作用于飞机的各力之和为零，各力对重心所构成的各力矩之和也为零。飞机处于平衡状态时，飞机飞行速度的大小和方向都保持不变，也不绕重心转动。反之，飞机处于不平衡状态时，飞机飞行速度的大小和方向将发生变化，并绕重心转动，因此，飞机相应的运动状态就要发生变化。

2. 飞机在作用力互相平衡时的运动

在飞行中，如果平行于飞行方向的各力互相平衡，即拉力（$F_拉$）等于阻力（$F_阻$），飞行速度的大小就不会改变，也就是飞机做等速运动；如果垂直于飞行方向的各力互相平衡，即升力（Y）等于重力（G），飞行速度的方向就不会改变，即飞机做水平直线运动。飞机在作用力互相平衡时的运动叫作等速平飞，如图 2.33 所示。

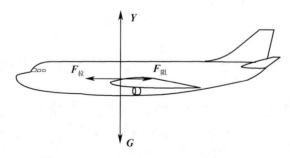

图 2.33　飞机在等速平飞中的作用力图示

飞行速度的大小和方向都不随时间而变的运动，叫作稳定运动。等速的平飞、上升和下滑都属于稳定运动。

当飞机在上升或下滑时，虽然飞机的重力与飞行速度的方向既不垂直也不平行，但仍可沿飞行速度的垂直方向和平行方向分解为两个力。在稳定的平飞中，升力等于重力；在稳定的上升和下滑中，升力小于重力。如图 2.34 和图 2.35 所示分别是飞机上升中和下滑中的作用力图示。

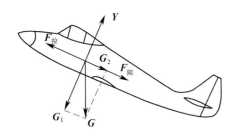

图 2.34　飞机上升中的作用力图示

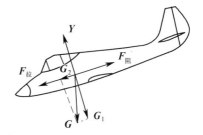

图 2.35　飞机下滑中的作用力图示

2.5　飞机的飞行性能

飞机的飞行性能是衡量一架飞机性能好坏的重要指标。飞机的飞行性能一般包括飞行速度、航程、升限和起飞着陆性能等。

2.5.1　飞行速度

在飞机的飞行性能中，飞行速度是最重要的性能之一。飞行速度，对军用飞机来说一般指的是最大平飞速度，对民用飞机来说一般指的是巡航速度。

1. 最小平飞速度 v_{min}

最小平飞速度是指在一定高度上飞机能维持水平直线飞行的最小速度（由于发动机的性能和飞行高度有很大关系，因此在考虑飞机的飞行性能时，必须注意它的飞行高度）。最小平飞速度取决于飞机的最大升力系数 $C_{y\,max}$，其值应略大于式（2-16）所表达的飞行速度（此时飞机的升力等于重力）。这个速度对飞机的起降性能及飞机低速飞行时的安全性能有重要影响。

$$v_{min} = \sqrt{\frac{2G}{\rho C_{y\,max} S}} \tag{2-16}$$

式中，G 为飞机重量；ρ 为当地的空气密度；S 为机翼面积。随着飞行高度的增加，ρ 将减小，最小平飞速度将增大。

2. 最大平飞速度 v_{max}

最大平飞速度是指飞机沿水平直线平衡飞行时，在一定的飞行距离内（一般应不小于 3km），发动机推力在最大状态下，飞机所能达到的最大飞行速度，它是一架飞机最大飞行速度的指标。要提高飞机的最大飞行速度，一方面要减小飞机的飞行阻力，另一方面要增加发动机的推力，但应注意随着发动机推力的增加，发动机本身的重量和尺寸也随之增加，燃油消耗也增加，飞机重量和空气阻力也增加。此外，随着飞行速度的增大，当接近于声速或超过声速时，飞机上将产生"激波"，此时，飞机阻力将急剧增大。因此，在不改变飞机外形的情况下，想提高飞行速度是不可能的。

3. 巡航速度 v 巡航

巡航速度是指发动机在每公里消耗燃油量最小情况下的飞行速度。巡航速度显然要大于最小平飞速度,小于最大平飞速度。飞机以巡航速度飞行最经济。

2.5.2 航程

航程是指在载油量一定的情况下,飞机以巡航速度(不进行空中加油)所能飞行的最远距离。它是一架飞机最远飞行距离的指标。轰炸机和运输机的航程在设计中是最主要的性能指标。增大航程的主要方法是减小发动机的燃油消耗率和增大飞机的最大升阻比。在飞机总重一定的情况下,减小结构重量、增加载油量也可以增大航程。另外,还可以通过安装可抛掉的副油箱来增大飞机的航程。

2.5.3 静升限

升限是一架飞机能飞多高的指标。飞机的静升限是指飞机能做水平直线飞行的最大高度。飞机上升时,随着高度的增加,发动机的推力将逐渐下降,当飞机上升到极限高度时,发动机已没有剩余的推力使飞机高度进一步增加,此时飞机仅能以某一个速度沿水平直线飞行,这时飞机的极限高度即为静升限。但在此飞行高度上,飞机稍受干扰或操纵不慎就可能降低高度,因此,又称此极限高度为理论静升限。

由于上述原因,飞机在实际飞行中不得不在稍低于理论静升限的高度上飞行,以便具有一定的储备推力和良好的操纵性。一般规定,对应于垂直上升速度为 5m/s 的最大平飞高度为实际飞行的最大高度,此高度称为飞机的实用静升限。

2.5.4 动升限

在实际作战中,有时作战飞机会在实用静升限上用最大平飞速度飞行的同时向后拉驾驶杆,使飞机利用动能向上冲过理论静升限,从而达到新的最大高度,此高度称为飞机的动升限。

2.5.5 起飞着陆性能

飞机的起飞和着陆是两个重要的飞行状态,起飞着陆性能的好坏有时甚至会影响到飞机能否顺利完成正常的飞行任务。

飞机起飞着陆性能的指标可以概括为两部分:一是起飞和着陆距离;二是起飞离地速度和着陆接地速度。后者除影响起飞和着陆距离外,还涉及起降安全问题。

1. 飞机的起飞性能

飞机的起飞过程是一种加速飞行的过程,它包括地面加速滑跑阶段和加速上升到安全高度 h 两个阶段。图 2.36 描述了飞机的起飞过程。

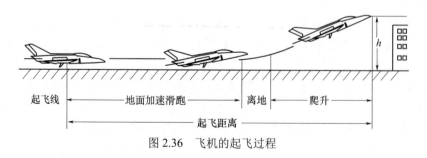

图 2.36 飞机的起飞过程

飞机起飞时停在起飞线上，驾驶员踩住刹车，加大油门到最大转速（或加力）状态后，松开刹车使飞机加速滑跑。当加速到一定速度时，驾驶员拉动驾驶杆，使飞机抬头增加迎角，当升力等于重力时飞机开始离开地面，此时所对应的速度为离地速度。随着升力的进一步增加，飞机加速上升，当上升到安全高度 h 时，起飞过程结束，此时飞机飞行（包括滑跑）的地面距离即为飞机的起飞距离。

飞机的起飞距离越短越好。为了减小飞机的起飞距离，可以采用增升装置来增大升力；也可以通过增加推力来加速，如可以采用助推火箭增大推力，减少加速所需时间。另外，对于舰载飞机还可以采用弹射起飞的方法减小起飞距离。

2. 飞机的着陆性能

飞机的着陆过程是一种减速飞行的过程，它包括下滑、拉平、平飞减速、飘落触地和着陆滑跑 5 个阶段。图 2.37 描述了飞机的着陆过程。

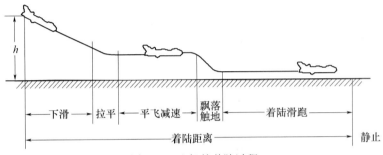

图 2.37　飞机的着陆过程

飞机从安全高度 h 下滑时，发动机处于慢车状态，襟翼打开到最大角度，飞机接近于等速直线下滑。当接近地面时，驾驶员将飞机拉平，然后在离地 1m 左右的距离进行平飞减速。随着飞行速度的减小，驾驶员不断拉杆使迎角增大，以使飞机缓慢地降低高度。当升力不足以平衡飞机的重量时，飞机开始飘落，并以主轮接地，此时对应的速度就是着陆接地速度。飞机接地后，速度进一步减小，并进入滑跑阶段，此时驾驶员使用刹车使飞机继续减速，直到飞机完全停止。飞机在着陆过程中飞行（包括滑跑）的地面距离为着陆距离。

飞机的着陆速度越小，着陆距离越短，着陆性能就越好，飞行的安全性也就越高。为了提高飞机的着陆性能，可以通过打开机翼上的扰流片来减小升力；可以采用反向推力装置产生负推力；还可以通过打开阻力伞或阻力板和采用刹车来增加阻力。对于舰载飞机还可以通过甲板上的拦阻索钩住飞机下部的拦阻钩来减速。

2.6　飞机的机动性

飞机的机动性是指飞机在一定时间间隔内改变飞行状态的能力。对飞机机动性的要求，取决于飞机要完成的飞行任务。对于要求空中格斗的战斗机而言，对其机动性的要求就很高。在夺取空战优势时，飞机的机动性起着相当重要的作用，所以机动性是军用飞机重要的战术性能指标。对于运输机，一般不要求其在空中做剧烈动作，所以对其机动性的要求就低。

飞机在机动飞行时所受的载荷要比水平直线稳定飞行时大好几倍。因此，在设计飞机时，必须保证飞机在各种飞行情况下都能有足够的强度和刚度，以保证飞行安全。在飞机设计中，一般常用过载来评定飞机的机动性。飞机的过载（或过载系数）是指飞机所受除重力外的外力总和与飞机重量之比。除特殊情况外，一般只考虑垂直方向上的过载。

垂直方向上的过载可以表示为飞机升力 Y 与飞机重量 G 的比值，即

$$n_y = \frac{Y}{G} \tag{2-17}$$

对飞机机动性的要求越高，过载 n_y 就要求越大。高机动性要求的飞机，过载可高达 9 左右，因此要求飞机结构能够承受相应的载荷。

2.6.1　盘旋飞行

飞机在水平面内做等速圆周飞行，叫作盘旋飞行，如图 2.38 所示。通常坡度（坡度即指飞机倾斜的程度）小于 45°时，叫作小坡度盘旋；大于 45°时，叫作大坡度盘旋。盘旋和转弯的操纵动作完全相同，只是转弯的角度不到 360°而已。

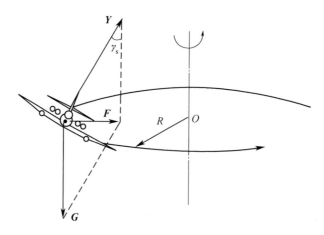

图 2.38　盘旋飞行

盘旋飞行一周所需的时间越短，盘旋飞行的半径越小，飞机的机动性就越好。在作战时，盘旋飞行的半径越小越好，这时就要尽量使飞机倾斜，加大坡度以增大使飞机做曲线运动的向心力。在盘旋飞行中，为了保持垂直方向上升力与重力的平衡，并维持高度不变，当改变坡度时，就需要相应地改变升力的大小，坡度越大，所需的升力也就越大，飞机的过载也就越大。如表 2-2 所示是不同坡度盘旋时飞机对应的过载系数。

表 2-2　不同坡度盘旋时飞机对应的过载系数

γ_s	0°	15°	30°	45°	60°	75°	80°
n_y	1	1.04	1.16	1.41	2	3.84	5.76

从表中可以看出，当飞机以 80°的坡度盘旋时，升力增大到飞机重力的 5.76 倍，此时飞机结构和驾驶员所受的力也相应增大。由于载荷系数的限制，飞机的飞行速度越

大，盘旋飞行的半径也越大。例如，美国的 SR-71 侦察机，当飞行速度为 3529km/h 时，其盘旋飞行半径可达 193km。

2.6.2　筋斗

飞机在铅垂平面内的航迹近似椭圆，航迹方向改变 360°的机动飞行是筋斗飞行，如图 2.39 所示。筋斗飞行由爬升、倒飞、俯冲、平飞等动作组成，它是衡量飞机机动性的基本指标之一。完成一个筋斗飞行所需的时间越短，飞机的机动性越好。要实现筋斗飞行，驾驶员应先增加飞行速度，再通过拉杆使飞机曲线上升；飞过顶点后，减小速度，保持拉杆位置不变，飞机开始曲线下降，最后变为平飞。筋斗飞行时，飞机的过载系数可达到 6。

2.6.3　俯冲

俯冲是飞机将势能转化为动能、迅速降低高度、增加速度的机动飞行，作战飞机常借此来提高轰炸和射击的准确度。俯冲飞行分为进入段、直线段和改出段 3 个阶段，如图 2.39 所示。在急剧俯冲时，为了防止速度增加过多和超过相应高度的最大允许速度，必须减小发动机推力，有时需要放下减速板。改出俯冲后的高度不应低于规定的安全高度。从俯冲到改出时，驾驶员应柔和并有力地拉杆、增大迎角，使升力大于重力的第一分力，从而构成向心力迫使飞机向上做曲线运动，这时飞机的过载系数甚至会达到 9，会对飞机结构和驾驶员造成严重的过载。所以，俯冲速度不能过大，改出不能过猛，以免造成飞机结构损坏或驾驶员晕厥的事故。俯冲过程中的过载系数一般不允许大于 8。

2.6.4　跃升

跃升是将飞机的动能转化为势能，并迅速取得高度优势的一种机动飞行。跃升性能的好坏由跃升增加的高度ΔH及所需的时间来衡量，如图 2.39 所示。飞机在跃升飞行的高度可大大超过飞机的静升限。例如，某歼击机的实用静升限为 19500m，当在 13500m 的高度上以马赫数为 2.05 的速度进行跃升后，飞机可达到 23000m 的高度。通过跃升飞行达到的最大高度为飞机的动升限。

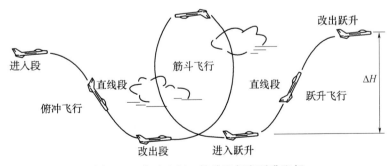

图 2.39　俯冲飞行、筋斗飞行和跃升飞行

2.6.5　战斗转弯

同时改变飞行方向和增加飞行高度的机动飞行称为战斗转弯，如图 2.40 所示。空战中常采用战斗转弯来夺取高度优势和占据有利方位。除采用典型的操纵滚转角的方法

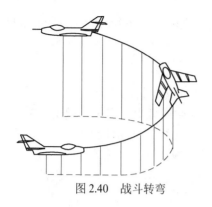

图 2.40　战斗转弯

外，为了缩短机动时间还可以采用斜筋斗方法进行战斗转弯。战斗转弯时的过载系数为 3～4。

2.7　飞机的稳定性

飞机在飞行过程中，经常会受到各种各样的干扰，这些干扰会使飞机偏离原来的平衡状态，在干扰消失以后，飞机能否自动恢复到原来的平衡状态，这就涉及飞机的稳定性问题。

所谓飞机的稳定性，是指在飞行过程中，如果飞机受到某种扰动而偏离原来的平衡状态，在扰动消失以后，不经驾驶员操纵，飞机能自动恢复到原来平衡状态的特性。如果能恢复，就说明飞机是稳定的；如果不能恢复或更加偏离原来的平衡状态，就说明飞机是不稳定的。

飞机在空中飞行，会进行俯仰运动、偏航运动和滚转运动，如图 2.41 所示。飞机绕横轴 Oz 的运动为俯仰运动；绕立轴 Oy 的运动为偏航运动；绕纵轴 Ox 的运动为滚转运动。根据飞机绕机体轴的运动形式，飞机飞行时的稳定性可分为纵向稳定性、方向稳定性和横侧向稳定性。

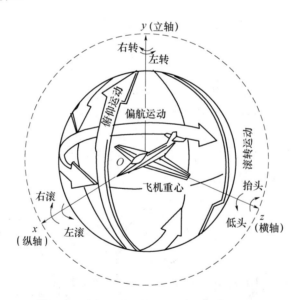

图 2.41　俯仰运动、偏航运动和滚转运动图示

2.7.1　飞机的纵向稳定性

当飞机受微小扰动而偏离原来纵向平衡状态（俯仰方向），并在扰动消失以后，飞机能自动恢复到原来纵向平衡状态的特性，叫作飞机的纵向稳定性。

在飞行过程中，作用于飞机的俯仰力矩主要是机翼力矩和水平尾翼力矩。当飞机的迎角发生变化时，在机翼和尾翼上都会产生一定的附加升力，这个附加升力的合力作用点称为飞机焦点，如图 2.42 所示。当飞机受到扰动而机头上仰时，机翼和水平尾翼的

44

迎角增大，产生一个向上的附加升力，如果飞机重心的位置位于飞机焦点位置的前面，那么这个向上的附加升力会对飞机产生一个下俯的稳定力矩，使飞机趋向于恢复原来的飞行状态，如图 2.43（a）所示。反之，当飞机受扰动而机头下俯时，机翼和水平尾翼的迎角减小，会产生向下的附加升力，此附加升力在飞机重心上形成一个上仰的稳定力矩，也使飞机趋向于恢复原来的稳定状态。

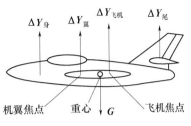

图 2.42　飞机焦点图示

因此，飞机的纵向稳定性主要取决于飞机重心的位置，只有当飞机的重心位于飞机焦点的前面时，飞机才是纵向稳定的；若飞机的重心位于飞机焦点之后，飞机则是纵向不稳定的，如图 2.43（b）所示。飞机重心前移可以增强飞机的纵向静稳定性，但并不是静稳定性越强越好。例如，静稳定性过强，升降舵的操纵力矩就难以使飞机抬头。

飞机重心的位置受飞机载重分布情况的影响。当飞机重心后移时，将削弱飞机的纵向稳定性，所以在配置飞机载重时，应当注意妥善安排各项载重的位置，以保证飞机的重心位于所要求的范围以内。

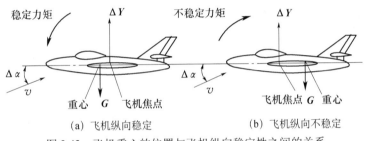

(a) 飞机纵向稳定　　　　　　　　(b) 飞机纵向不稳定

图 2.43　飞机重心的位置与飞机纵向稳定性之间的关系

2.7.2　飞机的方向稳定性

飞机受到扰动以致方向平衡状态遭到破坏，而在扰动消失后，飞机如果能趋向于恢复原来的平衡状态，就具有方向稳定性。

飞机主要靠垂直尾翼的作用来保证方向稳定性，如图 2.44（a）中的 1 为垂直尾翼。方向稳定力矩是在飞机的侧滑飞行中产生的。飞机的侧滑飞行是一种既向前、又向侧方的运动，此时，飞机的对称面和相对气流方向不一致。飞机产生侧滑时，空气从飞机侧方吹来，这时，相对气流方向和飞机对称面之间就有一个侧滑角 β，如图 2.44（b）所示。相对气流从左前方吹来的称为左侧滑；相对气流从右前方吹来的称为右侧滑。

飞机在飞行过程中，飞机受微小扰动，机头右偏，出现左侧滑，空气从飞机的左前方吹来作用在垂直尾翼上，产生向右的附加力 Z，如图 2.44（b）所示。附加力在飞机重心上形成一个方向稳定力矩，从而使机头左偏、消除侧滑，使飞机趋向于恢复到原来的平衡状态，因此飞机具有方向稳定性。

相反，飞机出现右侧滑时，就形成使飞机向右偏转的方向稳定力矩。由此可见，只要有侧滑，飞机就会产生方向稳定力矩，并使飞机消除侧滑恢复到原来的平衡状态。

随着飞行马赫数的增大，特别是在超过声速以后，立尾的侧力系数迅速减小，产生

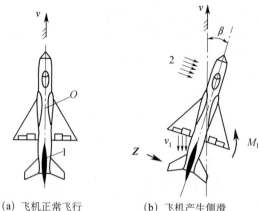

（a）飞机正常飞行　　　　（b）飞机产生侧滑

1—垂直尾翼；2—阵风；Z—附加力；M_1—恢复力矩；O—飞机重心；v_1—相对速度；v—飞行速度

图 2.44　垂直尾翼与方向稳定性

侧力的能力急速下降，使得飞机的方向静稳定性降低。因此在设计超声速战斗机时，为了保证在平飞最大马赫数下仍具有足够的方向静稳定性，往往把垂直尾翼的面积做得很大，有时还需要选用腹鳍及采用双垂直尾翼来增大方向稳定性。

2.7.3　飞机的横侧向稳定性

飞机受扰动以致横侧向平衡状态遭到破坏，在扰动消失后，如果飞机自身产生一个恢复力矩，使飞机趋向于恢复到原来的平衡状态，就具有横侧向稳定性。反之，就不具有横侧向稳定性。在飞行过程中，使飞机自动恢复原来横侧向平衡状态的滚转力矩，主要是由机翼上反角、机翼后掠角和垂直尾翼的作用产生的。

如图 2.45 所示，空气吹到飞机的左翼上，使飞机的左翼抬起，右翼下沉，飞机受扰动产生向右的倾斜，飞机沿着合力的方向沿右下方产生侧滑。此时，因上反角的作用，右翼迎角增大，升力也增大；左翼则相反，迎角和升力都减小。左翼和右翼升力之差形成的滚转力矩，可以减小或消除倾斜，进而消除侧滑，使飞机具有自动恢复横侧向平衡状态的趋势。

机翼后掠角的作用也使飞机具有横侧向稳定性。如图 2.46（a）所示，一旦因外界干扰使飞机产生了向右的倾斜，飞机的升力也跟着倾斜，飞机将沿着合力 R 的方向产生侧滑。由于机翼后掠角的作用，飞机右翼的有效速度 v_1 大于左翼的有效速度 v_3，如图 2.46（b）所示，因此，右翼上产生的升力将大于左翼上产生的升力，左翼和右翼的升力之差，形成滚转力矩，从而减小或消除倾斜，使飞机具有横侧向稳定性。跨声速或超声速飞机，为了减小激波阻力，大多采用后掠角比较大的机翼，因此，后掠角的横侧向静稳定性过强，以致当飞机倾斜到左侧后，在滚转力矩的作用下，又会倾斜到右侧。于是，飞机左右往复摆动出现飘摆现象。为了克服这种不正常现象，可以采用下反角的外形来削弱飞机的横侧向静稳定性。

低声速飞机和亚声速飞机大多为梯形直机翼，为了保证飞机的横侧向静稳定性要求，或多或少都有几度大小的上反角。此外，如果机翼和机身组合采用上单翼布局形式，也会起到横侧向静稳定作用；相反，如果采用下单翼布局形式，就会起到横侧向静不稳定作用。这一点在选择机翼上反角时也应综合考虑。

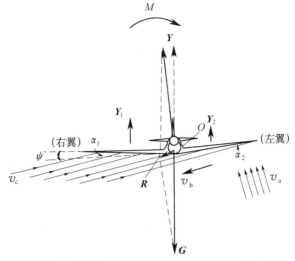

图 2.45　机翼上反角与横侧向稳定性

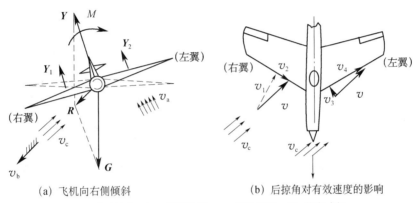

（a）飞机向右侧倾斜　　　　　　　　　（b）后掠角对有效速度的影响

v_a—阵风速度；v_b—侧滑速度；v_c—相对速度；M—恢复力矩

图 2.46　机翼后掠角与横侧向稳定性

　　垂直尾翼也能产生横侧向稳定力矩，这是因为出现倾侧以后，垂直尾翼上产生的附加侧力（$\Delta Z_{尾}$）的作用点高于飞机重心一段距离 l，此力对飞机重心产生横侧向稳定力矩，以消除倾斜和侧滑，使飞机恢复横侧向平衡状态，如图 2.47 所示。

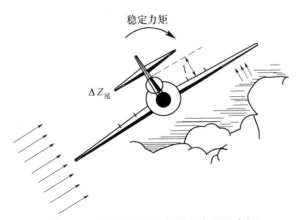

图 2.47　垂直尾翼产生的横侧向稳定力矩

飞机在不稳定气流中飞行时，经常会受到各种干扰，往往是一波未平一波又起。飞机具有静稳定性，表明飞机在平衡飞行状态具有抗外界干扰的能力。但为了保证飞机的稳定飞行，决不能单纯依靠飞机自身的稳定性，驾驶员也必须积极地实施操纵，并及时修正。

2.8　飞机的操纵性

不具有稳定性的飞机，虽然飞行起来很困难，但还勉强能够飞行；如果飞机不能操纵，就根本不能飞行。飞机的操纵性是指驾驶员通过操纵设备（如驾驶杆、脚蹬和气动舵面等）来改变飞机飞行状态的能力。

对飞机的操纵是通过操纵气动舵面——升降舵、方向舵和副翼来进行的。通过偏转这3个操纵气动舵面对飞机产生操纵力矩，从而使其通过绕横轴、立轴和纵轴转动来改变飞行姿态。

2.8.1　飞机的纵向操纵

飞机在飞行过程中，操纵升降舵，飞机就会绕着横轴转动，进行俯仰运动。驾驶员向后拉驾驶杆，经传动机构传动，升降舵便向上偏转，这时，水平尾翼上的向下附加升力就会产生让飞机抬头的力矩使机头上仰，如图2.48（a）所示；向前推驾驶杆，升降舵便向下偏转，使机头下俯，如图2.48（b）所示。

飞机在飞行过程中，操纵方向舵，飞机就会绕立轴转动，进行偏航运动。驾驶员向前蹬左脚蹬，方向舵向左偏转，在垂直尾翼上产生向右的附加侧力，此力使飞机产生向左的偏航力矩，使机头向左偏转，如图2.48（c）所示；向前蹬右脚蹬，飞机产生向右的偏航力矩，使机头向右偏转。

2.8.2　飞机的横向操纵

飞机在飞行过程中，操纵副翼，飞机便绕着纵轴转动，进行滚转运动。向左压驾驶杆，左副翼向上偏转，右副翼向下偏转，这时左副翼上的升力减小，右副翼上的升力增大，产生向左的滚动力矩，使飞机向左倾斜，如图2.48（d）所示；向右压驾驶杆，右副翼向上偏转，左副翼向下偏转，产生向右的滚动力矩，使飞机向右倾斜。

随着飞行马赫数的增加，飞机飞行时的动压也迅速增大，于是偏转操纵面所需要施加的力也增大，以致驾驶员难以操纵或体力不支。为了解决这个问题，现代飞机的操纵系统不仅有助力器、力臂调节器，还有模拟驾驶杆上气动载荷的人工载荷机构，使驾驶员在减小操纵力的同时，还能够感受到操纵力矩的变化。总之，驾驶员操纵舵面改变飞机姿态要和人体的自然动作协调一致（如向左压驾驶杆时，飞机应向左滚转，向右压驾驶杆时，飞机应向右滚转），并且手上所感受到的力的大小和方向也应正常，否则很容易产生操纵失误。

应当指出，飞机的稳定性是飞机本身的一种特性，它与飞机的操纵性有密切的关系，二者需要协调统一。稳定性好的飞机，操纵起来往往不太灵敏；操纵很灵敏的飞机，稳定性往往不太好。一般来说，对于军用歼击机，操纵起来应当很灵敏；对于民用客机，应有较好的稳定性。稳定性与操纵性应综合考虑，以获得最佳的飞机性能。

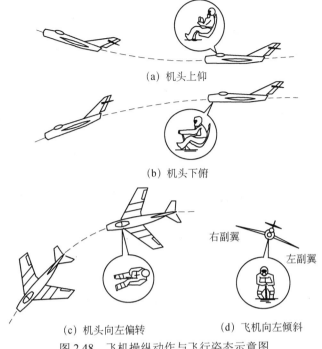

(a) 机头上仰

(b) 机头下俯

(c) 机头向左偏转   (d) 飞机向左倾斜

图 2.48   飞机操纵动作与飞行姿态示意图

2.9   飞机的起飞和着陆

飞机的每次出勤，都以起飞开始，以着陆结束。起飞和着陆是实现每次安全飞行不可缺少的两个重要阶段。因此，飞机除应该具有优良的飞行性能外，还应该具有良好的起飞性能和着陆性能。

2.9.1   飞机的起飞与起飞性能

所谓飞机的起飞是指飞机从起飞线加速滑跑开始，直到离开地面继续加速爬升达到安全高度 h 的过程（见图 2.49）。其中，安全高度应根据机场四周的障碍物（如树木、机库、电线杆等）来选取，我国规定 $h = 25m$ （有些国家规定 $h=15m$ 或 $h=10.7m$）。

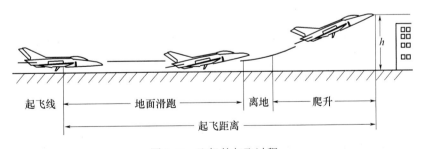

图 2.49   飞机的起飞过程

起飞时，飞机从起飞线开始三轮着地滑跑，速度由零逐渐增加。当速度增加到一定程度时，驾驶员操纵飞机抬起前轮，然后保持两个主轮着地继续加速滑跑。随着速度的增大，飞机升力迅速增大，当达到离地速度，并且升力等于飞机重量时，两个主轮开始离开地面进入加速爬升阶段，爬升到安全高度时，起飞过程结束。随后飞机收起增升装置——襟翼。其中，在飞机离开地面而小于安全高度时，为了减小飞机阻力，飞机往往会收起起落架。

从飞机的起飞过程可以看出：起飞距离是指从起飞线开始，直到离地、爬升到安全高度时所飞越的地面距离的总和。起飞距离是衡量飞机起飞性能的主要指标。

飞机的起飞距离自然越短越好。为了减小起飞距离，特别是减小地面滑跑距离，采用的方法有使用襟翼或其他增升装置，但是不能为了增升而使阻力增加得过大，从而妨碍飞机加速。

飞机的运动速度是飞机各种特征的基础，也是驾驶员操纵飞机的主要项目之一。起飞是飞机的运动速度从无到有和从小到大的过程。讨论与飞机起飞性能相关的速度限制，涉及某些基本速度的定义，介绍如下。

1. 失速速度 V_s

失速速度是在给定重力的情况下，飞机定常平飞的最小理论速度。它是由飞机的气动外形所确定的，此外，还受飞机飞行重力和飞行高度的影响。依据等速直线平飞的条件，在给定飞行重力 W、失速升力系数 $C_{L,S}$ 和飞行高度处的空气密度 ρ_H 时，失速速度的计算公式如下。

$$V_S = \sqrt{\frac{2W}{C_{L,S}\rho_H S}} \qquad (2\text{-}18)$$

式中，失速升力系数 $C_{L,S}$ 的取值与飞机飞行的气动外形状态，如襟翼、缝翼、起落架等的收放状况及飞机飞行时的重力、重心位置有关。

2. 最小离地速度 V_{MU}

最小离地速度是飞机以擦机尾迎角离地时对应的速度，这是受飞机几何尺寸限制的最小离地速度。有的大型飞机，起落架比较短，机身又比较长，因此擦机尾迎角比较小，最小离地速度往往比初始抖动速度大。

最小离地速度必须不小于 $1.1V_{MU}$（全发）和 $1.05V_{MU}$（一发失效）及 $1.1V_s$ 三者中的最大值。

3. 空中最小操纵速度 V_{MCA}

双发飞机做单发直线飞行时，飞机向发动机一侧的坡度角不大于5°、蹬舵力不大于180.1bf（800.7N）或方向舵全偏时的最小速度，称为空中最小操纵速度。V_{MCA} 的大小取决于飞机的方向舵性能和工作发动机的实际推力及发动机距飞机对称面的力臂值。对于某确定机型，只取决于工作发动机的实际推力。

4. 地面最小操纵速度 V_{MCG}

飞机在起飞滑跑的过程中，突然一台发动机停车，只用空气动力操纵面保持滑跑方向时，飞机偏离跑道中心线不超过9m的最小速度，称为地面最小操纵速度。V_{MCG} 不仅与机场的气温、气压和高度有关，还随飞机起飞重量的增加而略有减小。这是因为增加飞机重量，机轮的正压力和侧向摩擦力均增大，有利于飞机保持滑跑方向。在地面滑跑，虽然不能利用侧滑减小操纵速度，但机轮的侧向摩擦力有利于飞机保持滑跑方向。

5. 抬前轮速度 V_R

飞机滑跑达到抬前轮速度 V_R 时，驾驶员开始拉杆抬前轮使飞机离地。V_R 必须大于 $1.05V_{MCA}$，以便在离地前另一台发动机停车时仍能保持直线离地上升；V_R 必须大于 V_{MU}，以防止抬前轮时擦机尾。V_R 必须要保证飞机以 3rad/s 的角速度转动离地，并要在高度为 35ft（10.67m）时达到起飞安全速度 V_2。另外，V_R 必须大于起飞决断速度 V_1，也就是在抬起前轮后一台发动机停车时，飞机只能继续起飞，不能中断飞行。

大型飞机从开始抬起前轮到飞机离地，需 3~5s，所以不专门给出离地速度，离地速度比 V_R 大 5%~7%。

6. 轮胎限制速度 V_{TIRE}

飞机加大速度滑跑，轮胎高速转动产生很大的离心力。由于轮胎材料强度有限，当转速增大到一定值，离心力足以损伤轮胎（留有一定强度余量）时，此转速为轮胎极限转速。根据轮胎极限转速和轮胎半径，可以换算出轮胎限制速度。在任何情况下飞机的离地速度不得大于轮胎限制速度。在高原、高温机场起飞时，离地速度有可能大于轮胎限制速度，在这种情况下必须减小最大起飞重量。

7. 最大刹车能量限制速度 V_{MBE}

飞机中断起飞或着陆时，大约有 50% 的动能通过刹车吸热会转化为热能。如果这部分热能超过刹车最大热容量，就会烧坏刹车（温度超过 204℃，报警），从而起飞失效，飞机冲出跑道。刹车吸收的热量达到极限值时的飞机滑跑速度称为最大刹车能量限制速度 V_{MBE}。V_{MBE} 不是一个固定值，其大小取决于飞机重量。重量越大，最大刹车能量限制速度越小，以使刹车吸收的热量不变。

8. 一发失效速度 V_{EF}

飞机从速度为零以全发推力加速到一台发动机突然失效停车的瞬时速度称为一发失效速度 V_{EF}。

9. 识别速度 V_{RCG}

美国联邦航空管理局规定，延迟 1s 让驾驶员识别出发动机失效停车，此时飞机的瞬时速度称为识别速度 V_{RCG}，其与 V_{EF} 有一点差别，但非常接近。

10. 起飞决断速度 V_1

飞机在起飞过程中一台发动机在速度为 V_{EF} 时失效，经过 1s 的识别，此时速度从 V_{EF} 增大到 V_{RCG}。当 $V_{RCG} > V_1$ 时应继续起飞；当 $V_{RCG} < V_1$ 时应中断起飞。$V_{RCG} = V_1$ 是飞机继续起飞和中断起飞的分界速度，是中断起飞或继续起飞两可的临界情况。但 V_1 必须大于 V_{MCG}，并且必须小于 V_R 和 V_{MBE}。

11. 起飞安全速度 V_2

如果一台发动机在 V_1 或大于 V_1 的速度上失效却不得不继续起飞，这时飞机在安全高度上达到的单发上升允许的最小速度称为起飞安全速度 V_2。美国联邦航空管理局规定，$V_2 \geq 1.2V_S$。

2.9.2 飞机的着陆与着陆性能

飞机的着陆过程包括着陆进场和着陆两个阶段。着陆进场阶段开始于飞机从巡航气动外形向着陆气动外形的转换，通常从放下起落架开始；结束于飞机到达跑道头，高度到达着陆的安全高度，速度不小于进场最小速度（＞$1.3V_S$）。如图 2.50 所示是飞机着陆进场的示意图，飞机着陆前，通常先要通过机场上空，然后进入降落小航线，做好着陆前的各项准备工作。降落小航线包括 4 个转弯，一般在②→③转弯间放下起落架，③→④转弯间以一定速度下降并放下襟翼。飞机改出第四个转弯后的离地高度一般不低于 200m，对准跑道着陆点下滑至安全高度 25m 时开始着陆阶段。

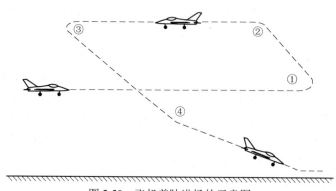

图 2.50 飞机着陆进场的示意图

所谓飞机的着陆是指飞机从安全高度 25m 处下滑到地面跑道直至完全停止的整个减速运动过程。

着陆时，飞机从安全高度 h=25m 处保持发动机慢车状态下滑，其航迹接近于直线，离地 6～12m 时，驾驶员拉杆使飞机改为平飞，当机轮离地 0.5～1.0m 时，保持平飞减速，随着飞行速度的减小，驾驶员不断拉杆以增大迎角，并保持飞机升力约等于飞机重力，飞机缓缓下沉，当飞机离地 0.15～0.25m 时，已接近于接地迎角。此后，因为飞行速度很小，升力不足以平衡重力，于是飞机飘落，主轮接地。飞机接地后，开始保持两点滑跑，利用空气阻力减速。当速度减到一定程度时，驾驶员推杆使前轮着地，进行三点滑跑，同时使用刹车，飞机继续减速滑跑，直至完全静止，着陆过程结束。可见，整个着陆过程可分为 5 个阶段，即下滑、拉平、平飞减速、飘落和滑跑，如图 2.51 所示。

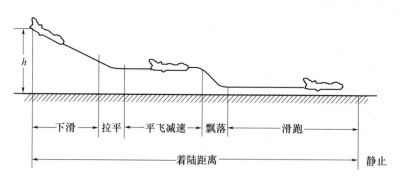

图 2.51 飞机的着陆过程

从飞机的着陆过程可以看出，着陆距离是指飞机着陆过程飞越的地面距离的总和，它是衡量飞机着陆性能的主要指标。在飘落过程中，最理想的状态是触地瞬间升力等于重力，且垂直下沉速度等于零。但实际情况往往不是这样，例如，受驾驶技术的影响，使得触地瞬间的升力小于重力，飞机向下坠落，垂直下沉速度不等于零，从而和地面发生撞击。飞机飘落机轮触地瞬间的水平速度称为着陆速度（又称接地速度），着陆速度越小，着陆滑跑的距离就越短，飞行的安全性就越高。

为了提高飞机的着陆性能，可以通过打开安装在机翼翼面上的扰流片来减小升力，从而防止触地后因升力变化引起飞机"反弹"现象的发生，同时，升力减小会增加飞机对地面施加的法向压力，从而增大机轮和地面的摩擦力；还可以通过采用反向推力装置产生负推力，打开减速伞或阻力板来增大空气阻力的方式提高飞机的着陆性能。对于舰载飞机还可以采用横在飞行甲板上的拦阻钢索钩住安装在飞机下部的制动钩把飞机拉住而强制减速。

可见，衡量飞机起飞和着陆性能的指标可以概括为两部分：一是起飞距离和着陆距离；二是起飞速度和着陆速度。前者除与跑道表面质量、大气条件、装载状况有关外，还与驾驶员的驾驶技术密切相关；后者除影响起飞和着陆的距离外，还影响起飞和着陆的安全性。

2.10　飞机的前、后缘装置

对飞机而言，其空气动力的大小主要随飞行速度和迎角改变，升力与飞行速度的平方是成正比例关系的。在设计一架高速飞机时，机翼主要是从有利于高速飞行的角度来设计的。当飞机高速飞行时，即使迎角很小，仍然可以产生足够的升力维持飞行。但当飞机低速飞行时，尤其是在起飞和着陆时，由于速度较小，即使在较大的迎角下，升力仍然不能维持正常飞行。然而，由空气动力学知识，我们知道迎角的增大量是有限的，一旦机翼的迎角超过临界迎角，在机翼上就会产生气流分离的现象，升力就会降低，从而出现失速现象。因此，要使飞机在低速飞行时仍然有足够的升力，就需要在机翼上安装增升装置。

目前，增升装置主要包括前缘缝翼、襟翼、附面层控制等。

2.10.1　前缘缝翼

前缘缝翼是一个小翼面，总是装在机翼的前缘，如图 2.52（a）所示。当前缘缝翼打开时，它就与机翼表面形成一道缝隙。下翼面压强较大的气流通过这道缝隙，加速流向上翼面，增大了机翼上表面附面层中气流的速度，降低了压强，消除了漩涡。因此恢复了上下翼面的压强差，延缓了气流分离，避免了大迎角下的失速，如图 2.52（b）所示。

前缘缝翼的主要作用是：

（1）延缓机翼上表面的气流分离，增大临界迎角（可增大 $10°\sim15°$），使机翼在更大的迎角下才会发生失速；

（2）增大最大升力系数 $C_{y\,max}$（一般可增大 50%）。

从构造上来看，前缘缝翼分为固定式和自动式两种。

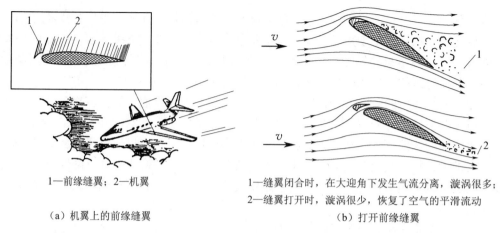

1—前缘缝翼；2—机翼

（a）机翼上的前缘缝翼

1—缝翼闭合时，在大迎角下发生气流分离，漩涡很多；
2—缝翼打开时，漩涡很少，恢复了空气的平滑流动

（b）打开前缘缝翼

图 2.52　前缘缝翼

1. 固定式前缘缝翼

固定式前缘缝翼固定在机翼前缘上（见图 2.53），与机翼本体之间构成一条固定的狭缝，不能随着迎角的改变而闭合或打开。它的优点是构造简单，但在飞行速度较大时，阻力也急剧增大，所以目前应用不多，只有个别的低速飞机才使用。

2. 自动式前缘缝翼

自动式前缘缝翼（见图 2.54）用滑动机构（也有其他方式）与机翼本体相连，依靠空气动力的压力和吸力来闭合或打开。当飞机在小迎角下飞行时，空气动力将它压在机翼上，处于闭合状态。如果迎角增大，机翼前缘的空气动力就会把它吸开。这是因为在小迎角下机翼前缘的空气动力为压力，而在大迎角下就变为吸力了。

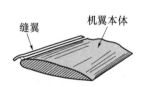

图 2.53　固定式前缘缝翼

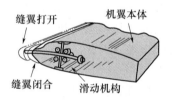

图 2.54　自动式前缘缝翼

自动式前缘缝翼可以充分发挥大迎角下提高升力系数的作用，并且不会在小迎角和大速度的情况下造成很大的阻力，所以广泛应用于现代飞机。

从前缘缝翼在机翼上所占的长度看，有的占满全翼；有的只在翼尖，位于副翼之前，这种叫作翼尖前缘缝翼，如图 2.55 所示。它的主要作用是在大迎角下延缓翼尖部分的气流分离，提高副翼的工作效能，从而使飞机的横侧向稳定性和操纵性得到改进，因为从缝中流出来的高速气流可以把在后缘产生的大量涡流吹走。

2.10.2　襟翼

襟翼有前缘襟翼和后缘襟翼两种。

前缘襟翼是安装在机翼前缘的襟翼，如图 2.56（a）所示，这种襟翼广泛应用于超音速飞机上。由于超音速飞机一般采用前缘尖削、翼剖面很薄的机翼，因此当飞机着陆或以大迎角，甚至以小迎角做低速飞行时，机翼前缘也会发生气流分离，产生大量漩

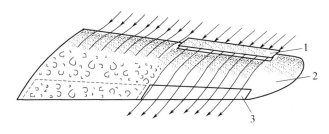

1—前缘缝翼；2—翼尖；3—副翼

图 2.55 翼尖前缘缝翼

涡，如图 2.56（b）所示，使得最大升力系数大大降低。在大迎角的情况下，前缘襟翼向下偏转，既可以减小前缘与相对气流之间的角度，消除漩涡，使气流能够平滑地沿机翼上翼面流过；同时也可以增大翼剖面的弯度，从而达到延缓气流分离、增大最大升力系数和临界迎角的目的，如图 2.56（c）所示。

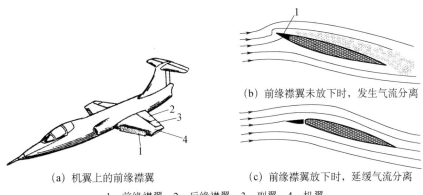

（a）机翼上的前缘襟翼 （b）前缘襟翼未放下时，发生气流分离 （c）前缘襟翼放下时，延缓气流分离

1—前缘襟翼；2—后缘襟翼；3—副翼；4—机翼

图 2.56 前缘襟翼的位置和增升作用

后缘襟翼又有简单襟翼、开裂襟翼、开缝襟翼、后退式襟翼、富勒襟翼等多种形式。它们都位于机翼后缘，靠近机身，在副翼旁。襟翼放下时既增大了升力，也增大了阻力，所以多用于飞机着陆，此时将襟翼放下到最大角度。但有时也用于起飞，但放下的角度较小，以减少阻力，避免影响飞机起飞滑跑时的加速。

1. 简单襟翼

如图 2.57 所示是某种型号歼击机的简单襟翼。它主要靠增大翼剖面的弯拱程度来增大升力。当简单襟翼放下时，翼剖面变得更弯，增大了上翼面气流的流速，从而增大了升力，但同时阻力也随之增大，并且阻力增大的百分比一般要比升力增大的百分比高。因此，总的来说，放下襟翼时，升阻比是降低的。

简单襟翼的构造比较简单，其形状与副翼相似，平时闭合形成机翼后缘的一部分，用时可打开放下，如图 2.58 所示是简单襟翼的两种位置图示。一般情况下，当它的着陆偏转角为 50°～60° 时，它只能使最大升力系数增大 65%～75%。

高速飞机上很少单独使用简单襟翼，因为高速飞机的机翼大多数有很大的后掠角，而这种襟翼的增升效果随机翼后掠角的增大而急剧减小。

2. 开裂襟翼

放下开裂襟翼（见图2.59），气流在机翼上表面的变化不大，只是在襟翼和机翼下表面后部之间形成涡流，压力降低，这对流过上表面的空气具有吸引作用，使其流速增大，从而增大了机翼上下表面的压强差，即增大了升力，同时还延缓了气流分离。此外，开裂襟翼放下后，机翼截面变得更弯拱，也就是增大了翼剖面的弯度，这样可以提高机翼上表面的流速，增大上下表面的压强差，也就是增大升力。综上所述，放下开裂襟翼的增升效果相当好，一般可把最大升力系数增大75%～85%，并且临界迎角降低得不多。

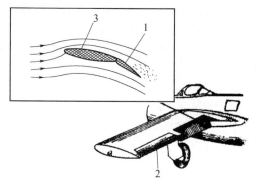

1—简单襟翼；2—副翼；3—机翼

图2.57　某种型号歼击机的简单襟翼

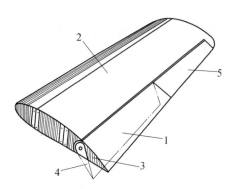

1—简单襟翼；2—机翼；3—未放下时；4—放下时；5—副翼

图2.58　简单襟翼的两种位置图示

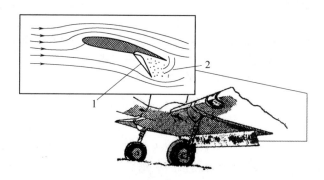

1—开裂襟翼；2—低压区（具有吸引作用）

图2.59　开裂襟翼

3. 开缝襟翼

放下开缝襟翼（见图2.60），襟翼和机翼之间形成一个缝隙，下翼面的高压气流通过这个缝隙，以较大的速度流向上翼面，使上翼面附面层中的气流速度增大，从而延缓了气流分离，达到了增升的目的。

4. 后退式襟翼

放下后退式襟翼（见图2.61），一是增大了翼剖面的弯度，二是增大了机翼面积。故最大升力系数增大得比上述各种襟翼都要多。

5. 富勒襟翼

这是一种双开缝或三开缝后退式襟翼（见图2.62），主要靠增大机翼面积及翼剖面的弯度来增大机翼的最大升力系数，并且气流通过缝隙时可以吹走后缘的涡流，增升效果更好。目前，在大型和中型喷气飞机上使用较多。

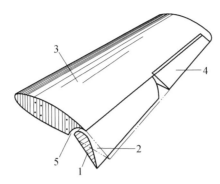

1—开缝襟翼（放下）；2—开缝襟翼（闭合）；3—机翼；4—副翼；5—缝隙

图 2.60　开缝襟翼

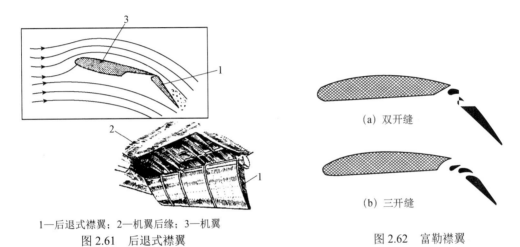

1—后退式襟翼；2—机翼后缘；3—机翼

图 2.61　后退式襟翼

(a) 双开缝

(b) 三开缝

图 2.62　富勒襟翼

2.10.3　附面层控制

以上几种增升装置，使现代飞机的最大升力系数得到了提高，从而使飞机的起飞和着陆性能有了较大的改进。然而，翼剖面相对厚度的减小会引起最大升力系数的减小，此外，由于现代高速飞机往往具有很大的后掠角和很小的展弦比，因此会削弱增升装置的作用，从而也会使最大升力系数减小。

此外，增升装置也会使机翼的构造复杂化，以致重量增加。对于这些不利因素，如果在机翼上表面采用附面层控制系统，将会得到如下的良好效果：（1）大大提高一般增升装置的增升作用；（2）获得很大的最大升力系数和临界迎角；（3）降低飞机的翼型阻力。使用附面层控制系统，再配合其他增升装置，可以使现代飞机的起飞和着陆性能大大改善，这对于短距离起落飞机和舰载飞机特别有利。

附面层控制主要有两种装置：一是吹除，二是吸取。

1. 附面层吹除增升装置

如图 2.63 所示是附面层吹除增升装置原理图。这种装置可以使高压空气从机翼上表面的翼缝中吹出，以高速流入附面层，增加气流的动能，提高气流的流动速度，推迟气流分离，从而达到增升的目的。

一架装有4台涡轮螺旋桨发动机的大型军用运输机，采用了附面层吹除增升装置，大大改善了它的起飞和着陆性能。实验证明，它的着陆速度从170km/h减小到了110km/h。着陆滑跑距离从550m缩短到了140m。

2. 附面层吸取增升装置

如图2.64所示是附面层吸取增升装置原理图。这种装置是利用吸气泵，通过机翼上表面的缝隙，吸取附面层气流，使气流的速度增大、能量增加，从而延缓翼面上的气流分离。

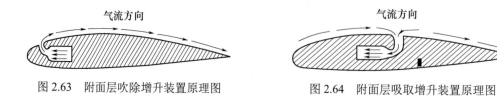

图 2.63　附面层吹除增升装置原理图　　　　图 2.64　附面层吸取增升装置原理图

2.11　直　升　机

2.11.1　直升机的特点和用途

直升机是一种重于空气的飞行器，它以航空发动机驱动旋翼旋转作为升力和推进力的来源，能在大气中垂直起落及悬停，并且能进行前飞、倒飞、定点回转等可控飞行。

随着人们对直升机空气动力学、直升机动力学等学科认识的不断深入，直升机近几年来有了很大的发展，直升机的最大速度可达300km/h，俯冲极限速度近400km/h，实用升限可达6000m（世界纪录为12450m），一般航程为600～800km。根据不同的需要直升机有不同的起飞重量，当前世界上投入使用的重型直升机，最大的是俄罗斯的米-26（最大起飞重量达56t，有效载荷为20t）。

直升机飞行的特点是：

（1）能垂直起降，对起降场地没有太多的特殊要求；

（2）能空中悬停；

（3）能通过自动倾斜器控制旋翼产生不同的水平分力迅速沿任意方向飞行，甚至倒飞（朝机尾方向飞行），但飞行速度比较小，航程相对来说也比较短；

（4）航空发动机在空中发生故障时，它能利用旋翼自转下滑，安全着陆。

直升机相对飞机而言，噪声水平较高、维护检修工作量较大、使用成本较高、速度较低、航程较短，直升机今后的发展方向就是在这些方面加以改进。

目前，直升机在民用和军用的各个领域都得到了广泛的应用。民用方面的主要用途包括：短途客/货运输、设备吊装、电缆和输送管道的铺设与维护、油田开发、地质勘探、空中摄影、护林防火、医疗救护、海上救援、抢险救灾、交通管制、治安巡逻、鱼群探测、科学研究和科学考察等。军用方面的主要用途包括：对地攻击、机降登陆、武器运送、后勤支援、战场救护、侦察巡逻、指挥控制、通信联络、反潜扫雷、电子对抗等。

2.11.2　直升机的构造及功用

典型单旋翼直升机的构造如图 2.65 所示，它主要由旋翼、尾桨、动力装置、传动系统、操纵系统、机身、起落装置、仪表和特种设备等部分组成。

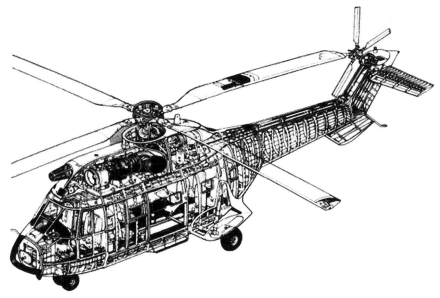

图 2.65　典型单旋翼直升机的构造

1. 旋翼

旋翼是直升机的关键部件。它由数片（至少两片）桨叶和桨毂构成，桨毂安装在旋翼轴上，旋翼轴方向接近于铅垂方向，一般由发动机带动旋转。旋转时，桨叶与周围空气相互作用，产生气动力。

如图 2.66 所示是旋翼结构的示意图。旋翼主要包括 3 个铰：轴向铰、垂直铰和水平铰，当桨叶跟随桨毂绕旋翼轴转动的同时，桨叶还可绕 3 个铰的轴线相对于桨毂在一定范围内做相对运动，如轴向铰可根据飞行的需要改变桨叶安装角，俗称变距，以便提供所需升力。垂直铰用于消除旋转中因前后摆动而引起的桨叶根部的弯矩，通常垂直铰上安装有减摆器，起阻尼作用，而水平铰是通过让桨叶上下挥舞来消除或减小飞行中在旋翼上出现的倾覆力矩的。

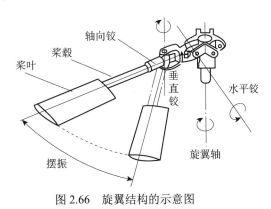

图 2.66　旋翼结构的示意图

2. 桨叶

桨叶的平面形状和剖面形状都与大展旋比的直升机的机翼相近，产生升力的原理也与机翼相同，如图 2.67 所示是桨叶的剖面图。其前缘和后缘之间的连线称为剖面旋线或翼旋，其长度用 b 表示。桨叶安装角（俗称桨距）是剖面旋线与桨毂旋转平面的夹角，用 φ 表示。

桨叶有几何扭转，各剖面的安装角不相等，对整个桨叶而言，其安装角是指各个剖面安装角的平均值，习惯上称为总距。改变总距，即可改变桨叶产生的升力。一般桨叶总距的变化范围为 $2°\sim14°$。桨叶迎角 α 是桨叶翼弦与相对气流 v 之间的夹角，沿桨叶翼展方向变化。

直升机旋翼绕旋翼轴旋转时，每片桨叶的工作原理都与一个机翼类似，沿半径方向每段桨叶上产生的空气动力，可分解为沿桨毂旋转轴方向上的分量 F_1 和沿桨毂旋转平面上的分量 D，如图 2.68 所示是在桨叶上产生的空气动力的示意图，其中，R 是半径方向上的空气动力，Y 是悬停拉力。在桨毂旋转平面上产生的阻力力矩将由发动机所提供的功率来克服。

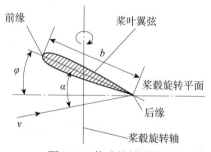

图 2.67　桨叶的剖面图

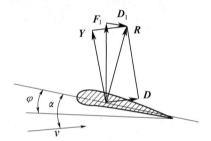

图 2.68　在桨叶上产生的空气动力的示意图

旋翼旋转所产生的拉力和需要克服的阻力力矩的大小，不仅取决于旋翼的转速，还取决于桨叶的桨距。从原理上讲，调节旋翼的转速和桨距都可以达到调节拉力大小的目的。但是旋翼转速取决于发动机的主轴转速，并且发动机的主轴转速有一个最佳的工作范围，因此，拉力的改变主要靠调节桨叶的桨距来实现。但是，桨距的变化将引起阻力力矩的变化，所以，在调节桨距的同时还要调节发动机油门，以使转速尽量接近最有利的工作转速。

直升机停放在地面时，旋翼受其本身重力的作用下垂，发动机开车后，旋翼开始旋转，桨叶向上抬，形成一个倒立的锥体，称为旋翼锥体。在实际飞行中，旋翼的升力不仅取决于旋翼的转速，而且取决于桨叶总距，但升力的改变主要依靠调节桨叶总距实现。直升机的平飞依靠升力倾斜产生的水平分量实现，通过自动倾斜器使旋翼各桨叶的桨距进行周期性的变化，以使旋翼在各个不同的方向上产生不同的升力，从而实现直升机的前飞、后飞、侧飞动作。所以说旋翼既是升力面，又是操纵面。

3. 尾桨

尾桨是安装在直升机尾端的小螺旋桨，它的旋转平面与旋翼的旋转平面垂直，尾桨用于平衡旋翼作用在机身上的反作用扭矩，可以保持直升机的航向。

4. 动力装置

直升机的动力装置由发动机及其附件组成，直升机上使用的动力装置是活塞式发动机或涡轮轴发动机。

5. 仪表设备

仪表设备主要包括驾驶导航仪表、动力装置仪表、辅助仪表（如旋翼转速表、桨距表等）、无线电仪表、雷达设备、电气设备、液压及气动设备、高空设备、军械设备、防冰设备、加温设备、灭火设备等。

2.11.3　直升机的分类

直升机按用途可分为民用直升机和军用直升机。其中，军用直升机按其所担负的任务可分为以下 3 类：

作战飞机：包括对地面进行攻击与火力支援的直升机、反潜直升机、运输空降直升机。

战斗保障直升机：包括侦察直升机、通信直升机、校设直升机、布雷直升机、加油直升机。

辅助直升机：包括起重直升机、救护直升机、训练直升机、教练直升机。

所谓武装直升机，也称为攻击直升机，是配备机载武器系统，用于对地攻击、火力支援和护航的一种专用直升机。最初的武装直升机是在普通直升机的基础上改装而成的，到 20 世纪 70 年代中期，一些国家相继研制出一些现代武装直升机。这些现代武装直升机具有以下特点：

（1）机上配备多种攻击武器（包括机枪、火炮、火箭、导弹，以及其他先进的火控设备）；

（2）机上设有防护装甲，并采用防坠毁结构，生存能力强；

（3）结构紧凑，气动阻力较小，噪声较低，采用减少反光、减少红外辐射和防雷达探测等隐身技术，隐蔽性较好；

（4）飞行速度较大，有较高的机动性，反应灵活，能贴地飞行；

（5）能全天候飞行，并具有夜视能力。

直升机按其起飞总质量的大小可分为以下几类：起飞总质量小于 1 吨的，称为轻小型直升机；1～3 吨的称为轻型直升机；3～10 吨的称为中型直升机；10～20 吨的称为大型直升机；20～40 吨的称为重型直升机；40 吨以上的称为超重型直升机。如前苏联的米-12，其最大起飞质量为 105 吨。

直升机按旋翼数量和布局方式的不同可分为单旋翼直升机、共轴式双旋翼直升机、纵列式双旋翼直升机、横列式双旋翼直升机和带翼式直升机等几种类型，如图 2.69 所示。

2.11.4　直升机的飞行性能

直升机的飞行性能分为垂直飞行性能和前飞性能两类。

1. 垂直飞行性能

垂直飞行性能包括：在定常状态（作用在直升机上的力和力矩都处于平衡、无加速度运动的状态）下不同高度的垂直上升速度；垂直上升速度为零时所对应的极限高度，即理论静升限，也叫悬停高度。悬停高度是个理论值，是达不到的，因此，通常把垂直上升速度为 0.5m/s 时对应的高度称为实用静升限，或者叫实用悬停高度。

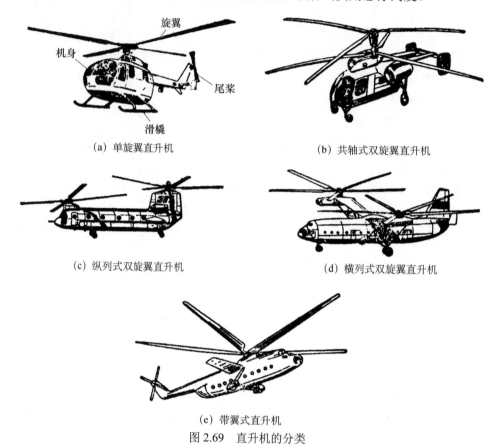

(a) 单旋翼直升机

(b) 共轴式双旋翼直升机

(c) 纵列式双旋翼直升机

(d) 横列式双旋翼直升机

(e) 带翼式直升机

图 2.69　直升机的分类

2. 前飞性能

直升机的前飞性能与固定翼飞机的飞行性能相似，包括：（1）平飞速度范围，指在不同高度的巡航速度、有利速度和最大速度；（2）爬升性能，指在不同高度上具有前进速度时的最大爬升率、达到不同高度所需的爬升时间及可能爬升到的最大高度（平飞升限或动升限）；（3）续航性能，包括在不同高度的最大续航时间和最大航程；（4）自转下滑性能，指在不同高度的最小下滑率和最小下滑角。

第3章 飞机系统

自飞机发明以来，随着其性能的不断改进，飞机的外形千变万化，但是，其主要的组成部分基本一致，都包括机翼、尾翼、机身、起落架、动力装置、操纵系统和机载设备等。按照ATA100规范可以把飞机的各个组成部分进行分类。

3.1 ATA100 规范

ATA100规范是美国航空运输协会（Air Transport Association of American，ATA）同航空器制造商和航空公司共同制定的一种规范，用于统一规定各种民用航空器在设计、制造、使用、维修等方面的资料、文件、函电、报告等国际间的技术资料的编号。按照ATA100规范，各种民用航空器的技术资料都可以根据内容，按照以下4种情况编号：

1. 分类

民用航空器大体上划分成航空器和动力装置两大类，而航空器可以划分成总体、系统、结构 3 类；动力装置可以划分成螺旋桨/旋翼、发动机两类。对分类不编号，但对每个分类所属的章节编号：5～20 章为总体类，21～49 章为系统类，51～57 章为结构类，60～65 章为螺旋桨/旋翼类，70～91 章为发动机类。

2. 系统/章号

所谓系统是由各相关的机件组成的能完成某种特定功能的集合，每个系统在手册中都称为章，每章都指定一个编号作为第一组号码。

3. 子系统/节号

子系统是系统的某个部分。每个系统可以由几个子系统组成，子系统由节号指定一个编号作为第二组号码。

4. 单件/题号

所谓单件是指组成系统或子系统的各个零部件，以及单独的管路、线路等。单件所编的题号指定一个编号作为第三组号码，并由单件的制造商自行编排。

按照ATA100规范和技术资料的编号方法，编号是由系统-子系统-单件，即章号-节号-题号 3 组号码组成的。对某个系统做全面介绍的资料，在章号之后采用"－00"的编号，如"29－00""72－00"等；对某个子系统做全面介绍的资料，在节号之后采用"－00"的编号，如"29－10－00""72－30－00"等。

为了能迅速找到有关内容，ATA100规范对维护手册、翻修手册的页数范围按内容的不同做出了规定。具体规定如表3-1所示。

表 3-1 手册页数范围的规定

页数编号	内容	
	维护手册	翻修手册
1～99	说明及工作	说明及工作
101～199	故障分析	分解
201～299	维护措施	清洗
301～399	勤务	检验/检查
401～499	拆卸/安装	修理
501～599	调节/试验	装配
601～699	检验/检查	间隙容差
701～799	清洁/涂漆	试验
801～899	核准修理方法	故障分析
901～999		存放
1001～1099		特种工具、夹具及设备
1101～1299		图解零件目录
1301～1399		小翻修

表 3-2 是 ATA100 规范规定的技术资料的编号方法。

表 3-2 ATA100 规范规定的技术资料的编号方法

系统/章号	子系统/节号	名称	系统/章号	子系统/节号	名称
		总体类	12	−20	定期勤务工作
5		各种时限和维护		−30	非定期勤务工作
	−00	概述	13		标准措施（机体）
	−10	时限	20		标准措施（机体）
		定期维护			系统类
	−20				
	−30	定期维护	21		空调系统
	−40	定期维护		−00	概述——说明及工作
	−50	特种维修		−10	压缩
6		尺寸及图表		−20	分配
7		顶、吊飞机		−30	增压控制
8		校平及称重		−40	加温
9		牵引及滑行		−50	制冷
	−10	牵引		−60	温度控制
	−20	滑行		−70	湿度控制
10		停放及系留	22		自动飞行
	−10	概述		−00	概述
	−20	停放		−10	自动驾驶
		系留		−20	速度及高度修正

（续表）

系统/章号	子系统/节号	名称	系统/章号	子系统/节号	名称
11		标牌及标志		−30	自动油门
12		外场勤务		−40	系统监视
	−00	概述	23		通信
	−10	充加——液体、气体		−00	概述
	−10	高频（HF）		−20	分配
	−20	特高频（VHF）		−30	泄放
	−30	旅客广播		−40	指示
	−40	内话	29		液压
	−50	音量		−00	概述
	−60	静电放射		−10	主系统
	−70	录音机		−20	副系统
24		电源		−30	指示
	−00	概述	30		防冰及排雨
	−10	发电机传动		−10	翼面
	−20	交流发电		−20	进气口
	−30	直流发电		−30	动静压
	−40	外部电源		−40	窗及风挡
	−50	负载分配		−50	天线及雷达罩
25		设备及装饰		−60	螺旋桨及旋翼
	−00	概述		−70	水管
	−10	驾驶舱		−80	探测
	−20	客舱	31		仪表
	−30	饮食柜及厨房		−00	概述
	−40	盥洗室		−10	仪表板等
	−50	货舱		−20	各种仪表
	−60	应急设备——滑梯		−30	记录器
	−70	附件舱		−40	计算机
26		防火	32		起落架
	−00	概述		−00	概述
	−10	探测		−10	主起落架及舱门
	−20	灭火		−20	前起落架及舱门
	−30	防爆		−30	收放
27		飞行操纵		−40	轮及刹车
	−00	概述		−50	转弯
	−10	副翼及调整片		−60	位置及示警
	−20	方向舵及调整片		−70	辅助起落架
	−30	升降舵及调整片	33		灯光

（续表）

系统/章号	子系统/节号	名称	系统/章号	子系统/节号	名称
	-40	水平安定面		-00	概述
	-50	襟翼		-10	驾驶舱门部分
	-60	扰流及阻力装置		-20	客舱部分
	-70	突风锁定及阻尼		-30	货舱及服务舱
	-80	增升装置	34		航行
28		燃油	35		氧气
	-00	概述	36		气源
	-10	储存	37		真空
38		水/废污	72		发动机
39		机载动力装置	73		发动机燃油及控制
		结构类	74		点火
51		机构——一般	75		空气
52		门	76		发动机操纵
53		机身	77		发动机指示
54		吊舱/装架	78		排气
55		安定面	79		滑油
56		窗	80		起动
57		机翼	81		涡轮增压
		螺旋桨/旋翼类	82		注水
60		标准措施	83		附件齿轮箱
61		螺旋桨	91		图表
65		旋翼	92		地面支持设备
		动力装置类	93		政策
70		标准措施	94		手册
71		动力装置	95		性能
	-00	概述	96		训练
	-10	整流罩	97		安全

3.2 飞机的基本结构——机体

通常情况下，人们把机身、机翼、尾翼、起落架等构成飞机外部形状的部分合称为机体（见图3.1），它们的尺寸大小及位置变化影响着飞机的使用性能及运行效率。

3.2.1 机身

1. 机身的功用

机身是飞机的主体部分，其主要功用是：

（1）装载人员、货物、燃油、各种设备等。

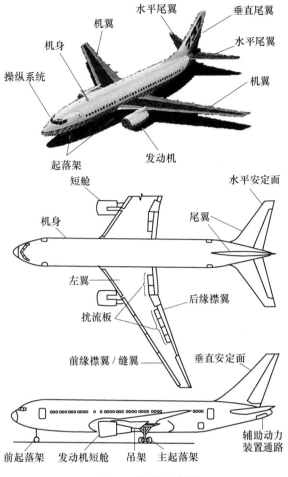

图 3.1 机体示意图

（2）把机翼、尾翼、起落架连接成为一个整体。按照机身的功用，首先在使用方面，应要求它具有尽可能大的空间，使它的单位体积利用率最高，以便能装载更多的人和物资，同时连接必须安全可靠。应有良好的通风加温和隔音设备；视野必须广阔，以利于飞机的起飞和降落。其次在气动方面，它的迎风面积应减到最小，表面光滑，形状应流线化，没有突角和缝隙，以便尽可能地减小风阻。另外，在保证有足够的强度、刚度和抗疲劳能力的情况下，应使它的重量最轻。对于具有气密座舱的机身，抗疲劳的能力尤为重要，如图 3.2 所示是机身解剖图。

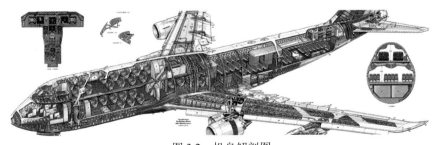

图 3.2 机身解剖图

2. 机身的形式

机身的形式一般有机身型、船身型和短舱型，机身型是陆上飞机的机体，水上飞机的机体一般采用船身型，至于短舱型则是没有尾翼的机体，它包括双机身和双尾撑，如图 3.3 所示是短舱型机身图示。

双机身　　　　　　　"毒液"夜间战斗机（双尾撑）
图 3.3　短舱型机身图示

一般情况下，机身型是长筒形状，把机翼、尾翼和起落架连在一起。它的前头部分，即机头，是驾驶舱；中部是客舱或货舱，用来装载乘客、货物、燃油及各种必须的设备，这些设备除乘坐舒适的座椅外，还有增压设备、空调设备、安全救生设备、灭火设备等；后部则与尾翼相连。

如果是客机，那么客舱内要布置走道（单走道或双走道）、厨房、厕所等乘客需要的空间及设备，并根据载客量的大小设置相应数量的舱门、窗口和检修飞机、供货的进出口，还要在客舱的下部留出相应空间用于装载乘客的行李和货物（机腹货舱）；如果是货机，那么货舱的设置相对简单，以装卸货物的便利性为原则。大型货机的货舱内装有滑轨绞盘及起重装置，如果是客货型飞机，那么一般情况下，机身的前部为客舱，后部为货舱；如果是客货转换型飞机，那么机舱内的隔板或座舱要求能够快速拆装，能够在很短的时间甚至几个小时内把客机改装为货机，或者把货机改装为客机。

3. 机身的外形

机身的外形和发动机的类型、数目及安装位置有关。例如，活塞发动机螺旋桨式飞机的机身就与喷气式发动机的机身有所不同。

从机身的外形来看，不外乎侧面形状和剖面形状两种。侧面形状一般为拉长的流线体。现代飞机的侧面形状受驾驶舱的影响很大，有的驾驶舱平滑地暴露于气流中，有的则埋藏于机身中，前者多用于中小型飞机，后者多用于大型飞机（见图 3.4）。

现代超音速战斗机（见图 3.5）根据跨音速飞行的阻力特点，首先采用了跨音速面积律，即适当缩小安装在机翼部位的机身截面，形成蜂腰机身；其次将机头设计为尖型，或者在头部用空速管作为激波杆，远远地伸出在迎面气流之中，削弱激波的强度，减小波阻；第三是随着飞行速度的不断增加，飞机机身的长细比不断增大，即用细而长的旋转体作为机身。现代超音速战斗机机身的长细比已超过 10。所谓长细比即机身长度与机身剖面的最大直径的比值，比值越大，则机身越细越长。并且随着飞行速度的增加，飞机机身相对于机翼的尺寸也越来越大。

还有些超音速飞机（见图 3.6）为了减小阻力，将驾驶舱埋藏于机身外形轮廓线之内，这使得飞机在着陆时的座舱视界大大恶化。为了改善这种情况，就将机头设计为可活动的，在着陆时可以下垂。例如，"协和"号超音速客机机头就可下垂 17.5 度。其机头有 3 种状态，超音速飞行时，机头呈流线型；亚音速飞行时，整流罩放下，以扩大驾驶员的视界；进场和着陆时机头全部下垂，进一步扩大驾驶员的视界。

(a) 小型战斗机驾驶舱暴露于气流中

(b) 大型运输机驾驶舱埋藏于机身中

图 3.4　机身外形举例

图 3.5　现代超音速战斗机

　　常用的机身剖面形状有圆形、椭圆形、方形、梯形等，这些形状适用于不同用途及速度范围的飞机。如低速飞机多用方形，而具有气密座舱的高亚音速大型客机多用圆形或椭圆形。喷气式战斗机一般采用不规则的形状，如图 3.7 所示是汽车作为机身的飞机。

图 3.6　超音速飞机　　　　　　　　　图 3.7　汽车作为机身的飞机

随着现代航空技术的进步和新的飞行动力理论的应用，飞机机身的外形千姿百态、变化多端。如机翼和机身融为一体的翼身融合体，除去机身和尾翼的飞翼，除去机翼的升力体机身等。如图 3.8 所示是罕见的机身外形。

图 3.8　罕见的机身外形

3.2.2　机翼

机翼是飞机必不可少的部分，根据机翼在机身上安装的部位和形式，可以把飞机分成下单翼飞机（机翼安装在机身下方）、中单翼飞机（机翼安装在机身中部）、上单翼飞机（机翼安装在机身上部），如图 3.9 所示。现代的民航运输机多为下单翼飞机，军用运输机和螺旋桨飞机多为上单翼飞机。

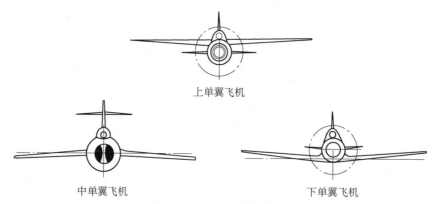

上单翼飞机

中单翼飞机　　　　　　　　　　　下单翼飞机

图 3.9　机翼安装部位图示

机翼由 4 部分组成，即翼根、前缘、后缘、翼尖。翼根是指机翼和机身结合的部分，因其受力很大所以是结构强度最强的部位；而机翼的前缘和后缘则加装了许多改善和控制飞机气动力性能的装置，这些装置包括副翼、襟翼、缝翼和扰流板，在飞机起飞或着陆时发挥着重要的作用。

1. 机翼的功用

机翼是飞机的重要部件之一，安装在机身上，其最主要的作用是产生升力。在机翼内可以布置油箱和弹药仓,在飞行中可以收起起落架。另外,在机翼上安装有改善起飞和着陆性能的襟翼和用于飞机横向操纵的副翼,在机翼前缘还安装有缝翼等增加升力的装置。

由于飞机是在空中飞行的,因此和一般的运输工具相比有很大的不同。飞机的各个组成部分要求在能够满足结构强度和刚度的情况下尽可能轻,机翼自然也不例外,加之机翼是产生升力的主要部件,并且许多飞机的发动机也安装在机翼上或机翼下,因此飞机承受的载荷就更大,这就需要机翼有很好的结构强度以承受这巨大的载荷,同时也需要有很大的刚度保证机翼在巨大载荷的作用下不会过分变形。

2. 机翼构造形式的分类

机翼的构造形式可分为构架式、梁式、单块式、整体壁板式等。

1)构架式机翼

构架式机翼的结构特点是受力件与维形件全分工并分段承受负荷。构架式机翼的受力骨架是由翼梁、张线、横支柱等组成的空间骨架系统,它承受所有的弯矩、剪力和扭矩;其蒙皮由亚麻布制成,只起维形作用,不参与受力。早期飞机大多数采用构架式机翼,如图 3.10 所示是构架式机翼。

图 3.10　构架式机翼

2)梁式机翼

随着飞机飞行速度的提高,出现了蒙皮参与受力的梁式机翼。其特点是有强有力的翼梁和硬质蒙皮,常用铆接结构。梁式机翼为现今飞机广泛采用,其大部分弯矩由翼梁承受,梁腹板承受剪力,蒙皮和腹板组成的盒段承受扭矩,蒙皮也参与翼梁缘条的承弯作用。梁式机翼的不足之处是蒙皮较薄,桁条较少,因此,蒙皮的承弯作用不大。根据翼梁数量的不同,我们还可以进一步将梁式机翼分为单梁式、双梁式和多梁式,如图3.11 所示是梁式机翼。

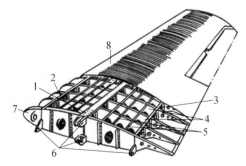

1—翼梁;2—前纵墙;3—后纵墙;4—普通翼肋;5—加强翼肋;6—对接接头;7—蒙皮;8—桁条

图 3.11　梁式机翼

3）单块式机翼

随着飞机飞行速度的进一步提高，为保证机翼有足够的局部刚度和扭转刚度，需要加厚蒙皮并增加桁条。这样，由厚蒙皮和桁条组成的壁板已经能够承受大部分弯矩，因此梁的凸缘就可以减小，直至变为纵墙，于是就发展成了没有翼梁的单块式机翼。单块式机翼的维形构件和受力构件已经完全合并，如图3.12所示是单块式机翼。

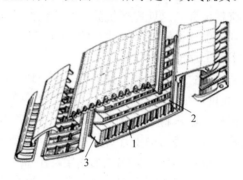

1—桁条；2—翼肋；3—纵墙（梁的腹板）

图3.12　单块式机翼

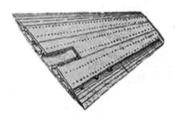

图3.13　整体壁板式机翼

4）整体壁板式机翼

单块式机翼的壁板是铆接的，其零件数量较多，并且表面质量较差，高速飞行时阻力较大。因此，出现了由若干块整体壁板组合而成的整体壁板式机翼。整体壁板式机翼的结构强度根据其各部分的实际受力情况设计，同时减少了连接的铆钉和螺栓孔，因此其重量减轻，而强度、刚度及抗疲劳度都增加，如图3.13所示是整体壁板式机翼。

3. 机翼的构造

由于飞机在空中飞行，并且速度十分快，因此要求飞机上的每个部件都要有很好的强度和刚度，能够承受巨大的气动载荷，这样才能保证飞机的飞行安全。机翼的基本受力构件包括纵向骨架、横向骨架、蒙皮和接头。其中接头的作用是将机翼上的载荷传递到机身上，而有些飞机本身就是个大的机翼（如美国的B-2隐形轰炸机），根本就没有接头。

1）纵向骨架

机翼的纵向骨架由翼梁、纵墙和桁条等组成，它们都是沿翼展方向布置的，所谓纵向是指沿翼展方向。

（1）翼梁是最主要的纵向构件，它承受全部或大部分弯矩和剪力。翼梁一般由上缘条、下缘条、腹板和支柱构成（见图3.14）。上缘条和下缘条通常由锻造铝合金或高强度合金钢制成，腹板由硬铝合金板材制成，与上缘条和下缘条用螺钉或铆钉相连接，组成工字型梁，承受由外载荷转化而成的弯矩和剪力。

（2）纵墙与翼梁十分相像，二者的区别在于纵墙的上缘条和下缘条不与机身相连，其长度有时仅为翼展的一部分。纵墙通常布置在机翼的前后缘部分，与上下蒙皮相连，形成封闭盒段，承受扭矩。靠后缘的纵墙还可悬挂襟翼和副翼。

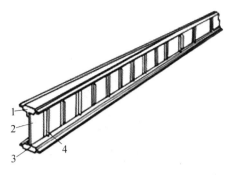

1—上缘条；2—腹板；3—下缘条；4—支柱
图 3.14　翼梁结构示意图

（3）桁条由铝合金挤压或板材弯制而成，铆接在蒙皮内表面，支持蒙皮以提高其承载能力，并共同将气动力分布载荷传给翼肋。

2）横向骨架

机翼的横向骨架主要是指翼肋，翼肋又包括普通翼肋和加强翼肋（见图 3.15），它们的安装方向一般都垂直于机翼前缘，横向是指垂直于翼展的方向。

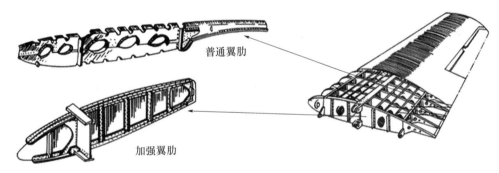

普通翼肋

加强翼肋

图 3.15　翼肋图示

普通翼肋的作用是将纵向骨架和蒙皮连成一体，把由蒙皮和桁条传来的空气动力载荷传递给翼梁，并保持翼剖面的形状。加强翼肋就是承受有集中载荷的翼肋。

3）蒙皮

蒙皮是包围在机翼骨架外的维形构件，用黏合剂或铆钉固定于骨架上，形成机翼的气动力外形。蒙皮除能够形成和维持机翼的气动外形外，还能够承受局部气动力。早期低速飞机的蒙皮是布质的，而现代飞机的蒙皮多是用硬铝板材制成的。

4. 机翼平面形状的分类

机翼的平面形状大致可以分为平直翼、后掠翼、前掠翼、小展弦比机翼 4 大类。

（1）平直翼：这是早期低速飞机常采用的一种机翼的平面形状（见图 3.16）。平直翼的特点是没有后掠角或后掠角极小，展弦比较大，相对厚度也较大，适合于低速飞行，目前的高速飞机很少采用平直翼。

（2）后掠翼：四分之一弦线处后掠角大于 25 度的机翼叫作后掠翼。由于这种机翼前缘后掠，因此可以延缓激波的生成，适合于高亚音速飞行。目前许多战斗机和大部分的民用飞机都采用后掠翼。一些飞机为了兼顾高速和低速情况下的机动性，还采用了后掠角可变的后掠翼技术，如 F-14 "雄猫" 战斗机（见图 3.17）。

图 3.16　平直翼飞机

图 3.17　F-14 "雄猫" 战斗机

　　（3）前掠翼：前掠翼与后掠翼刚好相反，其机翼是向前掠的。目前采用前掠翼的飞机较少，只在一些高机动性的战斗机上，如俄罗斯的 S-37 "金雕"，如图 3.18 所示是前掠翼机型。

　　（4）小展弦比机翼：从名字上就可以知道，这类机翼的展弦比小，适合于超音速飞行。小展弦比机翼常见的有小展弦比的梯形翼、三角翼等，目前许多战斗机都采用小展弦比机翼，以便提高飞行性能（见图 3.19）。

图 3.18　前掠翼机型

图 3.19　小展弦比机翼飞机

3.2.3 尾翼

尾翼是飞机尾部的水平尾翼和垂直尾翼的统称，其作用是保证飞机 3 个轴的方向稳定性和操纵性。垂直尾翼由固定的垂直安定面和活动方向舵组成，用以保持飞机的航向和控制飞机的左右活动，如图 3.20 所示是尾翼图示。

1. 水平尾翼

水平尾翼简称平尾，安装在机身后部，用以保持飞机在飞行中的稳定性和控制飞机的飞行姿态，操纵飞机进行抬头或低头运动。水平尾翼的内部结构与机翼十分相似，通常都是由骨架和蒙皮构成的，但它的表面尺寸一般较小，厚度较薄。一般来说，水平尾翼由固定的水平安定面和可偏转的升降舵组成，如图 3.21 所示。

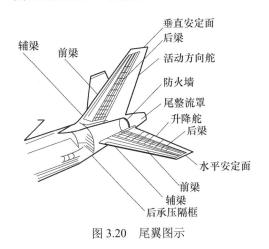

图 3.20 尾翼图示

图 3.21 水平尾翼图示

1）水平安定面

飞机的水平安定面是使飞机在俯仰方向上（飞机抬头或低头）具有静稳定性。水平安定面是水平尾翼中的固定翼面部分。当飞机水平飞行时，水平安定面不会对飞机产生额外的力矩；而当飞机受到扰动抬头时，此时作用在水平安定面上的气动力就会产生一个让飞机低头的力矩，从而使飞机恢复到水平飞行姿态；同样，如果飞机低头，那么水平安定面产生的力矩就会让飞机抬头，直至恢复水平飞行为止。

2）升降舵

升降舵的作用是控制飞机的俯仰运动，当需要飞机抬头向上飞行时，驾驶员就会操纵升降舵向上偏转，此时升降舵受到的气动力向下，对飞机产生一个抬头的力矩，飞机就抬头向上了。反之，如果驾驶员操纵升降舵向下偏转，那么飞机就会在气动力矩的作用下低头。这种俯仰运动的强度由重心与水平尾翼面的距离（力臂的大小）和水平尾部翼面上气动力的有效性决定。

2. 垂直尾翼

垂直尾翼简称垂尾，也叫作立尾，安装在机身后部，其功能与水平尾翼类似，也用来保持飞机在飞行中的稳定性和控制飞机的飞行姿态，如图 3.22 所示。不同的是垂直尾翼是使飞机在左右（偏航）方向具有一定的静稳定性，并控制飞机在左右（偏航）方向的运动。垂直尾翼由固定的垂直安定面和可偏转的方向舵组成。

图 3.22　垂直尾翼图示

1）垂直安定面

垂直安定面是垂直尾翼中的固定翼面部分。当飞机飞行时，垂直安定面不会对飞机产生额外的力矩，但当飞机受到气流扰动，机头偏向左或右时，此时作用在垂直定安面上的气动力就会产生一个与偏转方向相反的力矩，使飞机恢复到原来的飞行姿态，如图 3.23 所示是垂直安定面图示。

2）方向舵

方向舵的作用是操纵飞机的机头向左或向右转（控制航向），如图 3.24 所示是方向舵图示。当需要控制飞机的航向时，可以操纵垂直尾翼上的方向舵达到偏航的目的。

方向舵的操纵原理与升降舵类似，当飞机需要左转飞行时，驾驶员就会操纵方向舵向左偏转，此时方向舵所受到的气动力就会产生一个使机头向左偏转的力矩，飞机的航向就会随之改变。同样，如果驾驶员操纵方向舵向右偏转，那么飞机的机头就会在气动力矩的作用下向右转。

图 3.23　垂直安定面图示

图 3.24　方向舵图示

3.2.4　起落架

现代飞机的起落架由 4 个部分组成：起落架舱、制动刹车装置、减震装置、收放装置。

1. 起落架的功用

起落架安装在机身下部（见图 3.25），用以在地面上支撑飞机并保证飞机在起飞、着陆、滑跑和在地面移动时的运动功能，极大地影响着飞机起降时的性能和安全。概括起来，起落架的主要作用有以下 4 个：

（1）承受飞机在地面停放、滑行、起飞、着陆、滑跑时的重力；

（2）消耗和吸收飞机在着陆时的撞击能量；

（3）滑跑与滑行时的制动（刹车）；

（4）滑跑与滑行时操纵飞机（转弯）。

图 3.25　飞机起落架装置

　　在过去，由于飞机的飞行速度较低，对飞机气动外形的要求并不十分严格，因此飞机的起落架都是固定的。当飞机在空中飞行时，起落架仍然暴露在机身之外。随着飞机飞行速度的不断提高，由于飞行的阻力随着飞行速度的提高而急剧增加，这时，暴露在外的起落架就严重影响了飞机的气动性能，阻碍了飞行速度的进一步提高。因此，设计出了可收放的起落架（见图 3.26），即飞机在空中飞行时将起落架收到机翼或机身之内，以获得良好的气动性能，飞机着陆时再将起落架放下来。

（a）放下状态　　　　　　　　　　　　　　（b）收起状态

图 3.26　收放式起落架装置

　　2．起落架按结构分类

　　起落架按结构可分为：构架式起落架、支柱式起落架、摇臂式起落架。

　　1）构架式起落架

　　构架式起落架由撑杆、减震支柱、机轮组成（见图 3.27），只能承受轴向力，不能承受弯矩，用橡皮块、弹簧或橡筋绳减震。其构造简单、质量小，常被早期的小型飞机采用，但由于难以收放，现代高速飞机上并不采用。

　　2）支柱式起落架

　　现代飞机普遍采用支柱式起落架，其由减震支柱、收放作动筒、轮轴、扭力臂、刹车装置及机轮等部分组成（见图 3.28）。减震支柱是起落架的主体部分，起到停放支撑、滑跑及着陆减震等作用，减震支柱内的工作介质为液压或压缩空气。收放作动筒起到收上和放下的作用。轮轴上安装机轮和刹车装置。

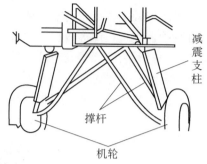

减震支柱

撑杆

机轮

图 3.27　构架式起落架

外筒

活塞杆

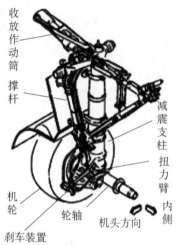

收放作动筒

撑杆

减震支柱

扭力臂

内侧

机轮

轮轴

刹车装置

机头方向

图 3.28　支柱式起落架

3）摇臂式起落架

摇臂式起落架（见图 3.29）的支柱与减震器是分开的，相互单独起作用，在支柱的下端与摇臂相铰接，摇臂的下部有轮轴，用以安装机轮和刹车装置，机轮在着陆或滑行中受到撞击时，带动摇臂围绕铰接点转动，从而压缩减震器（上端与支柱连接，下端与摇臂相连），起到减震作用，减震效果优于支柱式起落架，由于结构的高度较低，因此多被喷气式战斗机采用。

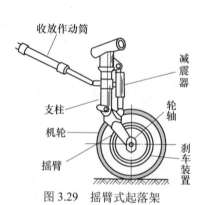

收放作动筒

减震器

支柱

轮轴

机轮

刹车装置

摇臂

图 3.29　摇臂式起落架

3. 起落架的布置形式

起落架的布置形式有 3 种：后三点式、前三点式、自行车式（见图 3.30）。

后三点式：飞机重心在两个主轮之后；

前三点式：飞机重心在两个主轮之前；

自行车式：飞机的两组主轮分别安置在机身下，另外有两个辅助护翼轮。

1）后三点式起落架

如图 3.31 所示是采用后三点式起落架的飞机。

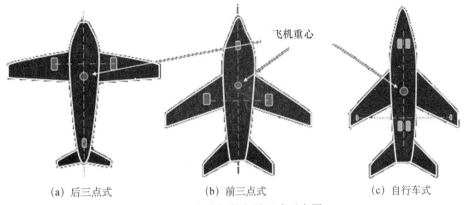

(a) 后三点式　　　　(b) 前三点式　　　　(c) 自行车式

飞机重心

图 3.30　起落架的布置形式示意图

B-17 轰炸机

图 3.31　采用后三点式起落架的飞机

优点：

（1）构造简单，重量轻；

（2）易于在螺旋桨飞机上布置；

（3）飞机停机角与最佳起飞迎角接近，易于起飞；

（4）便于利用气动阻力使飞机减速。

缺点：

（1）方向稳定性差，飞机容易打地转；

（2）着陆必须三点接地，操纵较困难，若两点接地则会导致飞机"跳跃"；

（3）飞机在高速滑行过程中采用刹车时，飞机容易发生"倒立""翻筋斗"现象。

2）前三点式起落架

如图 3.32 所示是采用前三点式起落架的飞机。

优点：

（1）滑行时的方向稳定性好；

（2）着陆时两主轮接地，容易操纵；

（3）可以大力使用刹车，缩短着陆滑跑距离；

（4）驾驶员的视野良好。

缺点：前起落架所受载荷较大，前轮在滑跑时容易摆振。

图 3.32 采用前三点式起落架的飞机

3）自行车式起落架

如图 3.33 所示是采用自行车式起落架的飞机。

缺点：

（1）前起落架承受的载荷较大，使飞机的尺寸、质量增大；

（2）起飞时抬头困难，起飞滑跑时不易离地，使起飞滑跑的距离增大；

（3）为使飞机达到起飞迎角，需要采用其他措施，如在起飞滑跑时伸长前起落架支柱。

由于以上的不利因素，一般不采用自行车式起落架，目前仅有少数飞机采用这种起落架。

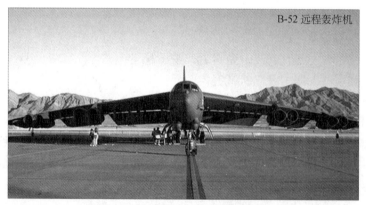

图 3.33 采用自行车式起落架的飞机

3.3 飞机的动力装置

由伯努利定理我们知道，如果飞机没有相对于空气的运动速度，那么飞机是不可能飞起来的。飞机的动力装置用于给飞机提供向前运动的推力，为飞机的升空提供必要的速度，因此说飞机的动力装置相当于飞机的心脏。动力装置是指为飞机飞行提供动力的整个系统，其中包括发动机、螺旋桨、动力辅助装置等，其中最主要的部分无疑是发动机。飞机问世以来的几十年中，发动机得到了迅速的发展，从早期在低速飞机上使用的活塞式发动机，到可以推动飞机以超音速飞行的喷气式发动机，还有运载火箭，可以在外太空工作的火箭发动机等。

由于发动机的构造复杂、制造技术精细、自成一系，因此往往需要专门的制造厂家生产。我们大家都熟知的波音公司和空中客车公司是机体制造商，它们同时也负责飞机的整体组装，但是它们并不生产发动机。世界知名的发动机制造商主要有美国通用电气公司、罗尔斯-罗伊斯公司、普拉特·惠特尼集团公司。

3.3.1 飞行器发动机的分类

飞行器发动机常见的分类原则有两种，分别是空气是否参与发动机工作和发动机产生推进动力的原理。

根据空气是否参与发动机工作，飞行器发动机可分为两类：吸气式发动机和火箭喷气式发动机（见图 3.34）。

吸气式发动机   火箭喷气式发动机

图 3.34 吸气式发动机和火箭喷气式发动机

（1）吸空气发动机简称吸气式发动机，它依靠空气作为燃料的氧化剂（助燃剂），不能在稠密的大气层之外工作，只能作为航空器的发动机。一般所说的航空发动机即指这类发动机。根据吸气式发动机工作原理的不同，吸气式发动机又分为活塞式发动机、燃气涡轮发动机、冲压喷气式发动机和脉动喷气式发动机等。

（2）火箭喷气式发动机是一种不依赖空气工作的发动机，航天器由于需要飞到大气层外，因此必须安装这种发动机。按形成喷气流动能的能源的不同，火箭喷气式发动机又分为化学火箭发动机、电火箭发动机和核火箭发动机等，如图 3.35 所示的飞机采用的是火箭喷气式发动机。

图 3.35 采用火箭喷气式发动机的飞机

根据发动机产生推进动力的原理，飞行器发动机又可分为直接反作用力发动机和间接反作用力发动机两类。直接反作用力发动机通过向后喷射高速气流，产生向前的反作用力来推进飞行器。直接反作用力发动机又叫喷气式发动机，这类发动机有涡轮喷气式发动机、冲压喷气式发动机、脉动喷气式发动机、火箭喷气式发动机等。如图 3.36 所示是喷气式发动机。

间接反作用力发动机由发动机带动飞机的螺旋桨，由直升机的旋翼对空气做功，在空气加速向后（向下）流动时，靠空气对螺旋桨（旋翼）产生反作用力来推进飞行器。这类发动机有活塞式发动机、涡轮螺旋桨发动机、涡轮轴发动机、涡轮螺旋桨风扇发动机等。

图 3.36　喷气式发动机

3.3.2　航空发动机的选用要求

现代的大中型飞机和高速飞机都使用喷气式发动机，但是由于活塞式发动机的经济性好、易于维护，现在仍然在大量使用，主要用于各类小型飞机和低速飞机上。无论使用哪种发动机，作为航空发动机时，应具备如下特点。

1. 功率重量比大

设计飞机的任何部件，都应在满足使用要求的前提下，尽量减轻其重量。对发动机来说，就是要保证足够大的功率而自重又很轻。衡量发动机功率大、重量轻的标准是"功率重量比"，即发动机产生的功率与发动机重量的比值。"功率重量比"越大，表示在产生相同功率的情况下，发动机的重量越轻。

2. 燃油消耗量小

发动机是否省油是飞机的重要经济指标。评定发动机经济性的标准是"燃油消耗率"。"燃油消耗率"是指单位功率（一牛顿或一马力）在一小时内所消耗的重量。燃油消耗率越小，说明发动机越省油。

3. 迎风面积小

航空发动机在保证功率不减小的前提下，力求通过减小迎风面积来减小空气阻力。

4. 工作安全可靠、寿命长

要维持安全飞行，发动机就必须始终处于可靠状态，所以，发动机的可靠性是十分重要的。为了保证发动机安全可靠的工作，必须精心设计，选用合适的材料，遵守严格的工艺规程。

5. 维护、修理方便

维护和修理统称为维修，这是保证发动机可靠性的重要工作。发动机能否随时处于可靠状态，很大程度取决于维修质量，维修质量的好坏影响发动机的寿命。

维护的目的之一是发现故障和排除故障，并对必要的部位进行检测、清洗、更换润滑油等。根据发动机工作时间的长短，维护工作一般都按不同的项目定期进行。

而修理是在零部件损坏的情况下进行的，由于修理的工作量很大，因此在设计发动机时应考虑拆装、检查和维修的方便性，以减少维修的工作量，降低维修成本。

3.3.3　发动机的组成及工作原理

1. 活塞式发动机

活塞式发动机是通过汽油与空气混合，在密闭的容器（气缸）内燃烧，膨胀做功的机械。因为活塞式发动机是通过带动螺旋桨产生推（拉）力的。所以，活塞式发动机作为飞机的动力装置时，必须与螺旋桨相连。如图 3.37 所示是活塞式发动机图示。

图 3.37　活塞式发动机图示

1）活塞式发动机的构成

活塞式发动机主要由气缸、活塞、连杆、曲轴、气门机构等组成，如图 3.38 所示是活塞式发动机的主要部件。

气缸是混合气（汽油和空气）进行燃烧的地方。气缸头上装有点燃混合气的电火花塞（俗称电嘴），以及进气门和排气门。气缸在发动机壳体（机匣）上的排列形式多为星形或 V 形（见图 3.39）。常见的星型发动机有 5 个、7 个、9 个、14 个或 18 个气缸不等。活塞承受燃气压力在气缸内做往复运动，并通过连杆将这种运动转变成沿曲轴的旋转运动。连杆用来连接活塞和曲轴。曲轴是发动机输出功率的部件。气门机构用来控制进气门和排气门的定时打开和关闭。

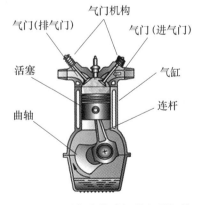

图 3.38　活塞式发动机的主要部件

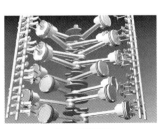

（a）星型排列　　　　　　（b）V型排列

图 3.39　活塞式发动机气缸的排列形式

活塞离曲轴旋转中心最远的位置叫上死点，离曲轴旋转中心最近的位置叫下死点（见图3.40），从上死点到下死点的距离叫活塞冲程。活塞式航空发动机大多是四冲程发动机，即一个气缸完成一个工作循环，活塞在气缸内要经过4个冲程，依次是进气冲程、压缩冲程、工作冲程和排气冲程。

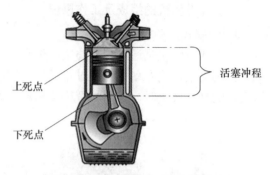

图3.40　上死点和下死点位置图示

2）四冲程活塞式发动机的工作原理

如图3.41所示是四冲程活塞式发动机的工作示意图。

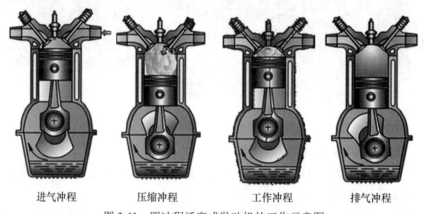

进气冲程　　　　压缩冲程　　　　工作冲程　　　　排气冲程

图3.41　四冲程活塞式发动机的工作示意图

（1）进气冲程：发动机开始工作时，首先进入进气冲程。气缸头上的进气门打开，排气门关闭，活塞从上死点向下滑动，气缸内的容积逐渐增大，气压降低（低于大气压）；然后新鲜的汽油和空气的混合气体通过打开的进气门被吸入气缸，当活塞滑动到下死点时，进气门关闭，进气冲程结束。

（2）压缩冲程：在进气冲程结束后，曲轴依靠惯性的作用继续旋转，把活塞由下死点向上推动，这时进气门和排气门一样都已经关闭，气缸内的容积逐渐减少，当活塞运动到上死点时，混合气体被压缩在上死点和气缸头之间的狭小空间内，这个小空间叫作"燃烧室"，这时混合气体的压强可以达到10大气压，温度也增加到400摄氏度。

（3）工作冲程：在压缩冲程快结束时，活塞接近上死点，汽缸头上的火花塞通过高压电产生电火花，将混合气体点燃，燃烧的时间很短，大约为0.015秒；气体迅速膨胀，压强急剧增高，为60～75大气压，燃烧气体的温度接近2500摄氏度，燃气加到活塞上的冲击力可以达到15吨；活塞在强大压力的作用下，向下死点迅速运动，推动连杆向下运动，连杆便带动曲轴转起来了，这时汽油燃烧产生的热能转化为机械能，从而做功。这个冲程是使发动机能够通过工作而获得动力的唯一冲程。其余3个冲程都是为这个冲程做准备的。

（4）排气冲程：工作冲程结束后，由于惯性，曲轴继续旋转，使活塞由下死点向上运动，这时进气门仍旧关闭而排气门打开，燃烧后的废气通过排气门向外排出，当活塞到达上死点时，绝大部分的废气已经排出；然后排气门关闭，进气门打开，活塞又从上死点向下运动，开始新一轮的循环。

汽油的热能通过燃烧转化为推动活塞运动的机械能，带动螺旋桨旋转而做功，这个完整的过程叫一个"循环"，这是一种周而复始的运动。由于其中包含热能到机械能的转化，因此又叫"热循环"。发动机每进行一次循环，活塞往复运动两次，经过 4 个冲程，因此这种发动机被称作四冲程发动机，也被称作往复式发动机。

2. 喷气式发动机

由于螺旋桨在高速飞行的情况下阻力增大，尤其是在飞机接近音速时，螺旋桨上各点的速度基本上都达到或超过音速，这时在叶尖产生激波，阻力大大增加。同时活塞式发动机在降低重量马力比上已接近极限，因此为了提高飞机的飞行速度，人们迫切需要一种新的动力装置来取代活塞式发动机。于是喷气式发动机应运而生，1939 年在德国试飞了世界上第一架喷气式飞机——He-178（见图 3.42），从此人类进入了喷气时代。

图 3.42　世界上第一架喷气式飞机——He-178

喷气式发动机是通过航空燃料（航空煤油）在发动机内燃烧导致气体膨胀从而向后排出燃气以产生巨大的反作用力来使飞机向前运动的。它分为两大类，一类是自带燃料和氧化剂的火箭喷气式发动机，它不依靠外界环境，通过自身条件燃烧产生动力，这类发动机是航天飞行器的唯一动力形式；另一类喷气式发动机自带燃料，但是需要依靠空气中的氧气燃烧，所以在大气层内飞行，被称为空气喷气式发动机，它是喷气式航空器的主要动力形式。

空气喷气式发动机又分为两类：一类是不带压气机的喷气发动机，主要可分为脉动式发动机和冲压式发动机；另一类是带压气机的喷气发动机，通常由进气道、压气机、燃烧室、涡轮和尾喷管组成，如图 3.43 所示。根据使用性能和先后出现的次序，带压气机的喷气发动机可分为 4 种，分别是涡轮喷气发动机、涡轮螺旋桨发动机、涡轮风扇发动机、涡轮轴发动机。

1）涡轮喷气发动机

涡轮喷气发动机通常由进气道、压气机、燃烧室、涡轮和尾喷管组成。部分军用发动机的涡轮和尾喷管间还有加力燃烧室。

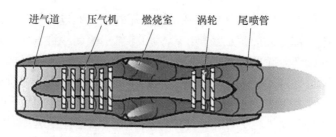

图 3.43 带压气机的喷气发动机的构造图示

涡轮喷气发动机仍属于热机，做功原则同样是在高压下输入能量，在低压下释放能量。因此，从产生输出能量的原理上讲，喷气式发动机同样需要进气、加压、燃烧和排气这 4 个阶段（见图 3.44）。

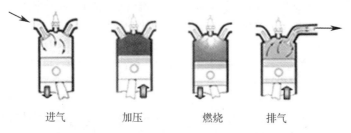

图 3.44 喷气式发动机产生输出能量的 4 个阶段

对于涡轮喷气发动机，发动机首先从进气道吸入空气，这个过程并不是简单地开个进气道即可，由于飞行速度是变化的，而压气机对进气速度有严格的要求，因此进气道必须可以将进气速度控制在合适的范围。

顾名思义，压气机是用于提高吸入空气的压力的。压气机主要为扇叶形式，通过叶片转动对气流做功，从而增大气流压力，使温度升高。随后高压气流进入燃烧室，燃烧室的燃油喷嘴射出油料，与空气混合后点火，产生高温高压燃气，向后排出。高温高压燃气向后流过高温涡轮，部分内能在涡轮中膨胀转化为机械能，驱动涡轮旋转。由于高温涡轮与压气机装在同一条轴上，因此也驱动压气机旋转，从而反复地压缩吸入的空气。从高温涡轮中流出的高温高压燃气，在尾喷管中继续膨胀，以高速从尾部喷口向后排出。这一速度比气流进入发动机的速度大得多，从而产生了对发动机的反作用推力，驱使飞机向前飞行。

涡轮喷气发动机具有加速快、设计简单等优点，但如果要增大涡轮喷气发动机的推力，就必须增加燃气在涡轮前的温度和增压比，但这会使发动机因排气速度增加而损失更多动能，于是出现了提高推力和降低油耗的矛盾。涡轮喷气发动机的油耗大对于商业民航来说是个致命弱点。

2）涡轮螺旋桨发动机

涡轮螺旋桨发动机的基本构造与涡轮喷气发动机的基本构造相同，但是由于前者要用涡轮输出轴功率来带动螺旋桨，因此就需要给涡轮喷气发动机加上螺旋桨，如图 3.45所示是涡轮螺旋桨发动机的结构示意图。

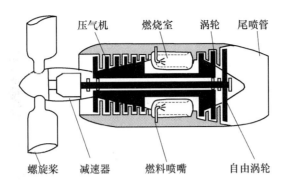

图 3.45　涡轮螺旋桨发动机的结构示意图

由于涡轮通过输出轴功率来带动螺旋桨，因此需要增加涡轮的级数来获取更多的能量；另外，由于涡轮的转速很高（22000 转/分以上），而螺旋桨要求的转速很低（1000转/分左右），因此需要加装一套减速机构来连接两者。由于螺旋桨增加了发动机的长度，因此为了使发动机的结构紧凑，不少涡轮螺旋桨发动机采用离心式压气机。另外很多涡轮螺旋桨发动机为了减小减速器的减速比，通常采用两套涡轮，一套涡轮与压气机相连，以高转速工作，另一套独立涡轮在工作涡轮之后，转速较低，通过单独的轴和螺旋桨相连，称作自由涡轮。

涡轮螺旋桨发动机的工作原理：通过燃烧室内的燃料燃烧产生推动涡轮转动的气体，然后通过转轴和减速器带动螺旋桨转动，从而产生推力。

涡轮螺旋桨发动机产生的动力以螺旋桨的拉力为主，约占全部前进推力的 90%，喷气产生的推力只占 10%左右，因此在本质上它是通过螺旋桨产生推力的发动机。由于受到螺旋桨叶端速度的限制，装备该类发动机飞机的飞行速度一般在 800 千米/小时以下，但是与活塞式发动机相比，涡轮螺旋桨发动机的马力质量比高、构造简单、便于维护。它的耗油率和活塞式发动机相近，但是由于涡轮螺旋桨发动机使用的是航空煤油，比活塞式发动机使用的航空汽油的价格便宜，因此就经济性来说比活塞式发动机好。此外，涡轮螺旋桨发动机的功率可以不再像活塞式发动机那么受限，最大可以达到15000 马力。由于以上优点，涡轮螺旋桨发动机在中速的客机和支线飞机上已经取代了活塞式发动机，成了它们的主要动力形式。

3）涡轮风扇发动机

为了使喷气式飞机在低油耗的情况下能够实现快速平稳的飞行，人们在涡轮喷气发动机的基础上发明了涡轮风扇发动机，至今它已成为目前大型民航运输飞机唯一的动力装置。

涡轮风扇发动机就是在涡轮喷气发动机的压气机前面加装了风扇和外涵道，通常由进气道、风扇、压气机、燃烧室、涡轮、尾喷管、外涵道和内涵道组成（有些特殊用途的涡轮风扇发动机还加装了加力燃烧室）。如图 3.46 所示是涡轮喷气发动机与涡轮风扇发动机的结构对比图。

风扇由大的叶片组成，直径比压气机大，由涡轮带动。气流经风扇后分成两部分，一部分在核心发动机的外面流过，这部分气流流过的通道我们称为外涵道或外涵，这部分气流受到风扇的推动向后流去，产生推力，同时对核心发动机起到降温冷却的作用；

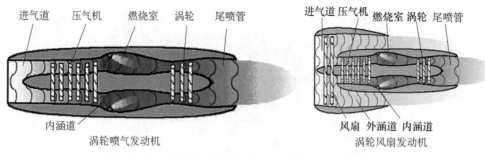

图 3.46   涡轮喷气发动机与涡轮风扇发动机的结构对比图

另一部分通过核心发动机，其流动过程与涡轮喷气发动机完全相同，这部分气流流过的通道我们称为内涵道或内涵。在内涵流动的气流燃烧后推动涡轮，然后从尾喷管排出以产生推力，不难看出内涵推力产生的方式和涡轮喷气发动机的完全相同，而外涵推力的产生则和螺旋桨相似，只不过风扇的叶片大大缩短，并且它被放入一个有限直径的涵道中，从而避免了螺旋桨叶尖在高速时产生激波的情况，使飞机的速度得以提高。

涡轮风扇发动机是由涡轮喷气发动机派生而来的，是由尾喷管排出的燃气和风扇排出的空气共同产生反作用推力的燃气涡轮航空发动机，其主要部件比涡轮喷气发动机多了一个风扇。风扇吸入的气流一部分像普通的涡轮喷气发动机一样，送入压气机（内涵道），另一部分则直接从发动机的外壳向外排出（外涵道）。因此，涡轮风扇发动机的燃气能量被分派到风扇和燃烧室产生的两种排气气流上。这时，为提高热效率需要增加涡轮前的温度，增加温度可以通过合适的涡轮结构和增大风扇直径，使更多的燃气能量经风扇传递到外涵道，从而避免大幅增加排气速度。这样，热效率和推进效率取得了平衡，发动机的效率得到了极大的提高。

由于涡轮风扇发动机中的空气流量大，因此推力大，同时涡轮风扇发动机在高亚音速的情况下，其耗油率已经降到 0.3 千克/千瓦小时，已经接近了涡轮螺旋桨发动机的水平。此外，由于涡轮风扇发动机中有大量的外涵低速气流，因此当内涵的高速气流和外涵的低速气流混合排出时，噪声便大大降低，这就适应了现在越来越受人们重视的环保的要求，因此涡轮风扇发动机得到了越来越广泛的应用。

4）涡轮轴发动机

在直升机和其他工业应用上有一种只需要输出轴功率而不需要喷气推力的涡轮发动机，于是在 20 世纪 40 年代末出现了涡轮轴发动机。它也是由涡轮喷气发动机派生而来的，是一种将燃气通过动力涡轮输出轴功率的燃气涡轮航空发动机。其工作特点是几乎将全部可用的能量转化为轴功率输出，涡轮轴发动机是当代直升机的主要动力装置，如图 3.47 是采用涡轮轴发动机的直升机。

涡轮轴发动机都采用两套涡轮，一套带压气机，一套是专门输出功率的自由涡轮。自由涡轮又称动力涡轮，一般在两级以上，它专门用来输出功率。由自由涡轮带动减速箱，再带动旋翼，这样涡轮轴发动机就为直升机提供了动力。

涡轮轴发动机在直升机上获得了广泛的应用。和活塞式发动机相比，它的结构重量轻，功率大，最大可以达到 10000 千瓦，同时耗油率也随科技的进步逐渐下降，由于涡轮轴发动机燃烧的是低廉的航空煤油，因此经济性与活塞式发动机相差无几。但它的制

图 3.47　采用涡轮轴发动机的直升机

造工艺复杂，减速装置比活塞式发动机的大，减速齿轮箱的重量较大，初始成本较高。

3.3.4　发动机的安装

在飞机上目前大多安装一台、两台或四台活塞式发动机或涡轮螺旋桨发动机，一般多是拉进式的，即发动机安装在机头或机翼前缘，这样可以使机翼上所受的载荷降低。另一种是推进式的，即发动机安装在机翼后沿或机身后段，这样可以使机翼位于螺旋桨的滑流之外，会减小阻力，但主起落架的重量会增加，并且发动机在地面工作时的冷却条件也较差，所以目前还是以拉进式为主流的安装方式。

涡轮喷气发动机和涡轮风扇发动机这两类发动机在飞机上的安装位置相似，以涡轮喷气发动机为例：

一台涡轮喷气发动机多安装在机身后段或机身下部（见图 3.48），这种方式有利于维护修理，只要将机身后段拆开就可以进行维护修理，单发战斗机主要用这种安装方式。

图 3.48　一台涡轮喷气发动机的飞机图示

两台涡轮喷气发动机的安装方式：

（1）两台发动机各安装在一只短舱内（见图 3.49），这种方式的优点是机身空间大，能装载更多的人员和设备；对机翼能起减少载荷的作用。但其构造比较复杂，而且会增加阻力和减小机翼的后掠作用。

（a）安-72型运输机　　　　　　　　　　　　（b）安-74型运输机

图 3.49　两台发动机各安装在一只短舱内的飞机图示

（2）两台发动机安装在机翼下的吊舱内（见图 3.50）。这种方式的好处是减少短舱和机翼的干扰，有利于提高最大升力系数；防火性能较好；可以采用全翼展的襟翼。另外，短舱离地近，维护比较方便，但是比较容易吸入尘土等杂物。

（a）空客A319型客机　　　　　　　　　　　　（b）波音737-800型客机

图 3.50　两台发动机安装在机翼下的吊舱内的飞机图示

（3）两台发动机并列安装在后机身外部的两侧（见图 3.51），这种安装方式叫作尾吊式。其优点是座舱内噪声小，机翼上没有别的东西干扰，气动性能较好；进气和排气通道较短，因而能量的损失较少。但这种安装方式构造复杂，机身较重。

（a）麦道82型客机　　　　　　　　　　　　　（b）麦道90型客机

图 3.51　两台发动机并列安装在后机身外部的两侧的飞机图示

（4）两台发动机左右并列（或上下叠置）安装在后机身的内部（见图 3.52）。这种安装方式会占用较大的机身空间，不利于装载其他的设备，主要用于双发战斗机。

三台涡轮喷气发动机多用于运输机，安装方式如下：

（1）两台发动机并列安装在机身后段，另一台安装在垂直尾翼（见图3.53），这种安装方式的优点是，如果发动机发生故障，涡轮损坏，被强大的离心力甩出的碎片不致破坏飞机的主要受力部件，比较安全。同时，并列的两台发动机也可固定于气密座舱之外。

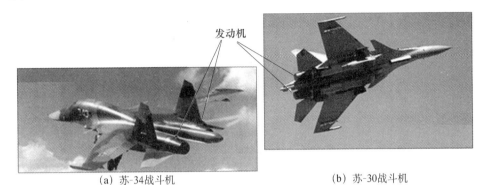

　　（a）苏-34战斗机　　　　　　　　　　　　　（b）苏-30战斗机

图 3.52　两台发动机左右并列安装在后机身的内部的飞机图示

图 3.53　使用三台涡轮喷气发动机的飞机图示 1

（2）另一种安装方式就是两台涡轮风扇发动机安装在机翼下的吊舱内，另一台安装在垂直尾翼内（见图3.54）。

图 3.54　使用三台涡轮喷气发动机的飞机图示 2

四台涡轮喷气发动机的安装方式：

（1）四台发动机安装在机翼下的吊舱内（见图3.55），这种安装方式多用于运输机，但也有轰炸机采用这种安装方式。

(a) 空客A340客机

(b) 波音B747客机

(c) 安124运输机

图 3.55　四台发动机安装在机翼下的吊舱内的飞机图示

（2）四台发动机并列安装在机身后段外部的两侧（尾吊式）（见图3.56）。

图 3.56　四台发动机并列安装在机身后段外部的两侧的飞机图示

（3）发动机安装在靠近机身的机翼内部，每边安装两台（见图3.57），但采用这种安装方式的飞机的构造复杂。

图 3.57　发动机安装在靠近机身的机翼内部的飞机图示

（4）把四台发动机每两台分为一组，安装在机翼的底部（见图 3.58），其特点是发动机的短舱是长方形的，它的上下表面已成为飞机结构的一部分。

每边两台发动机

图 3.58 每边两台发动机的飞机图示

此外，还有六台和八台发动机的安装布局（见图 3.59 和图 3.60），其安装位置和特点与四个吊舱的飞机类似，在此就不赘述了。

图 3.59 装有六台发动机的安 225 大型运输机

图 3.60 装有八台发动机的 B-52 亚音速战略重型轰炸机

3.3.5 辅助动力装置

在大型和中型飞机上，为了减少对外界供电设备的依赖，一般都装有独立的小型动力装置，称作辅助动力装置（APU）。

辅助动力装置的作用是向飞机独立地提供电力和压缩空气，也有少量的辅助动力装置可以向飞机提供附加推力。飞机在起飞前，由它来供电启动主发动机就可以不依靠地面的电源车。辅助动力装置在起飞时提供电力和压缩空气，保障了客舱和驾驶舱内的照明和温度，使主发动机的功率全部用于地面加速和爬升，改善了起飞性能。通常当飞机爬升到一定高度（约5000米）时辅助动力装置关闭，但在飞行中当主发动机空中停车时，它可以在10500米以下的高空及时启动，为发动机重新提供动力。降落后，仍为飞机提供电力，使主发动机提早关闭，从而节省了燃油，降低了机场噪声。

辅助动力装置的核心部分是一个小型的涡轮发动机，大部分是专门设计的，还有一部分是由涡轮螺旋桨发动机改装而来的，一般装在机身最后段的尾锥之内。在机身上方的垂尾附近开有进气口，废气直接由尾锥后段的排气口排出。发动机前端除装有一个正常的压气机外还装有一个工作压气机，同时还带动了一个发电机，其可以给飞机电网送出115V的三相电。辅助动力装置有自己单独的启动电动机，由专门的电池供电，有独立的附加齿轮箱、润滑系统、冷却系统和防火装置。它的燃油来自飞机上的总的燃油系统。

现代的大型和中型客机上，辅助动力装置是保证发动机空中停车后再启动的主要装备，它直接影响飞行安全，同时又是保证飞机停在地面时客舱舒适的必要条件，因此辅助动力装置是大型和中型客机的一个不可或缺的系统。

3.4　飞机的仪表和电子装置

3.4.1　通信系统

通信系统的主要用途是保持飞机在飞行的各个阶段中与地面航行调度员、机务维修人员双向的语音和信号联系，即飞机与外部的联系；同时提供飞机内部人员之间及空勤乘务人员与乘客间的联络服务功能。它包括甚高频通信系统、高频通信系统、选择呼叫系统和音频综合系统。

1. 甚高频通信系统（VHF COMM—Very High Frequency Communication System）

甚高频通信系统使用甚高频无线电波，作用范围只在目视范围内，作用距离随飞行高度变化，在飞行高度为300米时的作用距离为74千米。此系统主要用于飞机在起飞、降落时机组与地面服务人员的双向语音通信。飞机的起飞和降落时期是驾驶员处理问题最多的时期，也是飞行中最容易发生事故的时期，因此必须保证甚高频通信的高度可靠，民航飞机上一般装有一套以上的备用系统。

甚高频通信系统由收发机组、控制盒和天线3部分组成。收发机组用频率合成器提供稳定的基准频率，然后和信号一起，通过天线发射出去。接收部分则从天线上收到信号，经过放大、检波、静噪后变成音频信号，输入驾驶员的耳机。天线为刀形，一般装在机腹，甚高频通信系统所使用的频率范围按照国际民航组织的统一规定为118.000～135.975MHz，每25KHz为一个频道，共设置720个频道供选用，其中将121.500MHz定为遇难呼救的全球统一频道。通信信号是调幅的，通话双方使用同一个频率，一方发送完毕后等待对方信号即可。

2. 高频通信系统（HF COM—High Frequency Communication System）

高频通信系统是远距离通信系统，通信距离可达数千米，用于飞机在飞行中保持与基地和远方航站的联系。频率范围为 2～30MHz，1MHz 为一个频道。大型飞机一般装有两套高频通信系统，使用单边带通信，这样可以大大压缩所占用的频带，节省发射功率。高频通信系统由收发机组、天线耦合器、控制盒和天线组成，它的输出功率较大，需要有通风散热装置；使用天线耦合器的目的是使天线和发射机之间的阻抗相匹配。现代民航机用的高频通信天线都埋在飞机蒙皮之内，一般装在飞机尾部。

3. 选择呼叫系统（SELCAL—Selective Calling System）

每架飞机的选择呼叫系统都设有一个特定的 4 位字母代码，其通信系统也被调谐到指定的频率上，当地面的高频通信系统或甚高频通信系统发出呼叫时，飞机上的选择呼叫系统用信号灯和音响器通知机组有人呼叫，从而进行通话，避免了驾驶员长时间等候呼叫或由于疏漏而错过通话。

4. 音频综合系统（AIS—Audio Integrated System）

本系统包括飞机内部的通话系统，如机组成员之间的通话系统、广播和电视等娱乐设施，也包括飞机在地面时机组人员和地面服务人员之间的通话系统。具体包括 4 个系统：

1）飞行内话系统

主要供驾驶员使用，用于与机外通话及机内机组成员间的通话。它由音频选择器和相应的开关及线路组成，它的主要功能是使驾驶员使用音频选择盒，把话筒连接到所选择的通信系统，向外发射信号；同时也可以用这个系统选择收听从各种导航设备传来的音频信号或利用相连的线路进行机组成员之间的通话。

2）勤务内话系统

主要指飞机上各个服务站位（驾驶舱、客舱、货舱）与地面服务人员站位组成的通话系统，用于机组成员之间或机组与地面服务人员之间的通话。

3）客舱广播及娱乐系统

用于播放多通道音乐广播、电视、录像等。

4）呼唤系统

机组成员之间的呼唤系统和乘客呼唤乘务员的灯光、音响系统。与内话系统相配合，呼唤系统由各站位上的呼唤灯、谐音器及呼唤按钮组成，各内话站位上的人员按下要通话的站位按钮后，扬声器发出声音或接通指示灯以呼唤对方接通电话。呼唤系统还包括旅客座椅上呼唤乘务员的按钮和乘务员舱位的指示灯。

3.4.2　导航系统

导航系统广义上包括所有为飞机确定位置和方向的设备，狭义上只包括在航路上使用的设备。广义上的导航系统包括罗盘系统、甚高频全向信标、仪表着陆系统、无线电高度表、测距机、气象雷达及惯性基准系统等。

1. 罗盘系统（Compass System）

罗盘是为飞机定向的仪表，在飞机上有两种：一种是磁罗盘，原理同指南针；另一种是无线电罗盘，也称自动定向机（ADF—Automatic Direction Finder），与地面上设立的无方向导航信标台（NDB—Non-Directional Beacon）及大功率的广播电台配合使用。

2. 甚高频全向信标（VOR—VHF Omnidirectional Range）

甚高频全向信标是一种测向系统，这种系统是目前使用最普遍的测向系统，它由机载的全向信标接收机和地面的全向信标台组成。全向信标台沿航路布置，飞机上的接收机收到信号就可以得出相对发射台的方位角，测出的方位角在无线电磁指示器上显示。飞机上用两套全向信标接收机同时接收两个全向信标台的信号，在无线电磁指示器上用两个指针表示出来，无线电磁指示器上有转换开关，开关在全向信标位上显示的就是全向信标台的方位角。

3. 仪表着陆系统（ILS—Instrument Landing System）

仪表着陆系统又称盲降系统（见图 3.61），是引导飞机沿着正确的航道下滑、着陆的系统，其可以引导飞机在能见度很低的天气或在夜间降落，大大提高了飞机降落的安全性，也大大提高了航空公司对航班安排的主动性和经济性。

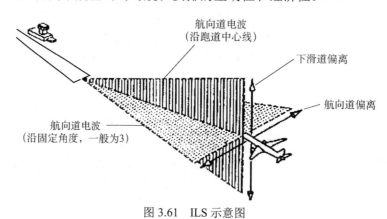

图 3.61 ILS 示意图

4. 无线电高度表（RA—Radio Altimeter）

无线电高度表使用无线电波的反射回波测量飞机与大地表面之间的实际高度，工作范围在 2500 英尺以内，用于飞机的起飞和接近着陆时，工作原理与雷达相同。

5. 测距机（DME—Distance Measuring）

测距机（见图 3.62）依靠和利用飞机和地面测距台之间无线电波的往返时间来测量飞机和地面测距台之间的距离，即斜距，然后经水平状态指示器转换成水平距离。

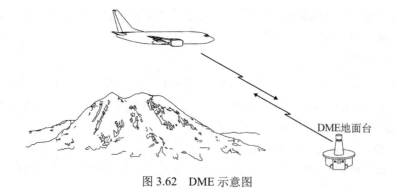

图 3.62 DME 示意图

6. 气象雷达（WXR—Weather Radar）

用于探测飞机前方一定区域内的危险气象状况、障碍物或地形状况，各种状况会在显示屏上形成不同的颜色和亮度，供驾驶员判断和选择。新一代气象雷达不仅能探测到雷雨、冰雹等，还能探测到大气的湍流，对保证飞行安全具有重大价值。

7. 惯性基准系统（IRS—Intertial Reference System）

由加速度计和陀螺仪及快速的计算处理系统组成，通过加速度计测出飞机在 3 个轴向上的线加速度，通过陀螺仪测出飞机在 3 个轴向上的角加速度，然后通过计算机计算得出飞机在每个时刻的位置，即经度、纬度和高度。惯性基准系统是当今先进民航飞机上的基本设备。

8. 卫星导航系统（Satellite Navigation System）

卫星导航系统是 20 世纪 80 年代末迅速发展起来的新型导航系统，它利用卫星系统，由飞机上的接收机接收卫星信号，通过计算飞机与卫星、卫星与地球之间的相对位置，得出飞机的位置。目前使用最多的是美国的全球卫星定位系统（GPS），它所测出的飞机位置，精度在 10 米之内。卫星导航系统的精度高，机载设备简单，也不受气候影响，是理想的新型导航方式，得到了广泛应用。

9. 空中交通管制应答机（ATC—Air Traffic Control Transponder）

空中交通管制应答机是机载设备用于满足地面航空管制雷达使用要求的设备。地面航空管制雷达如果有能力辨别飞机的识别代码和气压高度，那么称为二次雷达。二次雷达向飞机发出问询信号后，机上的应答机被触发后会自动回复，向地面报告飞机的编码和飞行高度，雷达屏幕上的飞机光点就会显示飞机的编码和高度。这使航行管制工作的准确性大为提高，管制方式也由程序管制变成效率更高的雷达管制。

3.4.3 飞行控制仪表系统

飞机的飞行控制仪表系统提供了飞机飞行中的各种信息和数据，从而能够使驾驶员及时了解飞行情况，并对飞机进行控制以顺利完成飞行任务。早期飞机的飞行又低又慢，只装有温度计和气压计等简单仪表，主要靠驾驶员的感觉获取信息。现在的飞机则装备了大量仪表，由计算机统一管理，并用先进的技术直接显示，大大简化了驾驶员的工作。

第一类飞行控制仪表是大气数据仪表，包括气压式高度表、速度表、大气温度表、大气数据计算机等。

1. 气压式高度表

气压式高度表的工作依据是大气压随着高度的升高呈线性下降，测出每个高度的气压值就可换算出高度值。

但飞机的飞行高度是指飞机在空中的位置和选定的基准面之间的高度差值，由于选定的基准面不同，因此对高度也有不同的定义，如图 3.63 所示是飞行高度示意图。

相对高度：指飞机对某个指定的机场（如降落机场）地面之间的高度。高度表的气压刻度以机场为基准时，称为场面气压高度，在起飞和降落时驾驶员必须知道这个高度。

真实高度：指飞机和它正下方的地面之间的垂直距离。

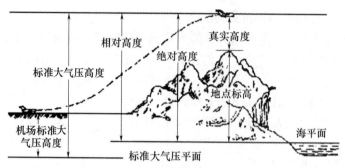

图 3.63　飞行高度示意图

绝对高度：指飞机到海平面之间的高度，也称为海平面气压高度。

标准大气压高度：指飞机到标准大气压平面之间的高度。标准大气压平面是人为设定的，这个平面以海平面为基准。由于标准大气压高度不随温度和湿度变化，且它和真实的海平面高度不是完全一致的，因此标准大气压高度和绝对高度不同。国际民航组织规定当飞机进入航线后，一律使用标准大气压高度，对一些难以直接测量海拔高度的机场，相对高度由标准大气压高度减去机场标准大气压高度得到。飞机上的高度表有两类，气压式高度表和无线电高度表，无线电高度表用来测量飞机距地面某点的真实高度，主要是在飞机起降时用于测量低高度。

气压式高度表（见图 3.64）实际上就是一个气压计，由测出的气压换算出所在的高度。它的关键部分是表内的真空膜盒，膜盒的内腔被抽成真空密封，膜盒表面有一定的弹性，表内的压力大时膜盒就被压紧，压力小时就膨胀，把压缩和膨胀的位移经机械装置传送、放大到指示器上，就表示了外界的大气压力。如果表盘上刻的是相应的高度，压力表就变成了高度表。高度表设有调整旋钮，它的作用是调整膜盒上的设定压力以设定基准平面，从而高度表就可以显示不同基准的高度。在飞机起飞或降落时驾驶员最关心的是和起飞（或降落）机场的相对高度，这时就把读数窗中的气压调整为起飞（或降落）机场的气压（由机场的气象台通报这个数值）。把机场的高度置零，高度表上指示的就是飞机对起飞（或降落）机场的相对高度，即场面气压高度。当飞行高度超过 400米时，飞机进入航线，在航线飞行中，为了保持飞机之间的间隔，所有飞机都必须把高度表设定在标准大气压高度，这时飞机上的高度表都统一表示标准大气压高度，为的是各飞机之间的高度指示不会出现分歧，避免发生碰撞事故。当飞机超越障碍需要知道飞机的绝对高度时，把高度表的调整旋钮调至当地海平面的气压后，高度表上出现的就是绝对高度，绝对高度减去地形的标高（由地图给出）就是飞机与下方地面的真实高度。气压式高度表构造简单、价格低廉，经过长期的实践应用已成为飞机上的主要仪表，但它的测量精度低于新出现的大气数据计算机和卫星导航系统，因此在新型的飞机上，它已经成为备用系统。

2. 速度表

飞行速度和飞行高度一样，也有不同的定义。

真空速：指飞机对于空气的运动速度，简称空速。

指示空速：由测量空气压力的表直接指示的速度，也叫表速。

升降速度：指飞机对地面上升或下降运动的速度。

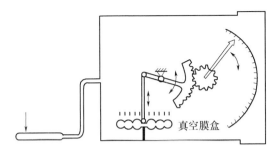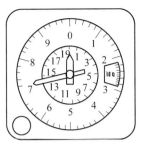

图 3.64 气压式高度表示意图

地速：指飞机运动速度对地面的水平分量。

马赫数：指飞行速度与当地音速的比值。

第二类飞行控制仪表是飞行姿态指引仪表，主要包括陀螺仪表。20 世纪 70 年代以前是机械式陀螺仪表，其后是激光陀螺仪表。

20 世纪 70 年代以前长期使用的是机械式陀螺仪表。人们很早就从陀螺玩具中知道，旋转的物体能保持它的旋转轴指向在干扰下保持不变。陀螺仪表的核心部分是一个高速旋转的转子，它的旋转轴指向空间固定的方向，这个性质叫陀螺的定轴性。若有外力使转子旋转轴的方向改变，则一定会产生一个力矩，这个力矩的大小与转子旋转轴方向改变的角速度成正比，这个性质叫陀螺的进动性。最早在飞机上用的是自由陀螺，即把陀螺装在一个不受外界约束的转动的平衡环固定平台上，这个平台由两个相互垂直并可自由转动的框架支撑，框架与机身相连，机身的转动不带动平台转动，这个平台只跟随陀螺转子转动，所以这个平台也叫惯性平台。利用陀螺的定轴性使陀螺的旋转轴指向空间的一个固定方向，以它作为基准就可以得到飞机的各种姿态。

在激光技术发展之后，20 世纪 70 年代出现了激光陀螺仪表。它使用一个三角形的环状激光管，用分光镜使一束激光分为顺时针和逆时针传播的两束光，三角形激光管的每个端点都有反射镜，使光束在这个闭合回路中运行，在检测器（光电二极管）处，两束光会聚在一起，形成一个平面，如果这个平面不转动，那么这两束光的相位一致，没有干涉；如果这个平面转动，那么这两束光由于运动路线的长度不同，因此产生了时间差，这个时间差就导致了干涉。通过干涉条纹的位移，就可以测出这个平面转动的角度。

第三类飞行控制仪表是惯性基准系统，该系统可提供一套精确的飞机姿态数据，如位置、倾斜角、航向、速度和加速度等，实现了飞机导航、控制及显示一体化。

3.4.4 电子综合仪表系统

20 世纪 60 年代后，由于计算机的小型化及显像管的广泛应用，飞机的飞行控制仪表系统产生了革命性变化，新一代电子综合仪表得到了广泛使用。

电子综合仪表系统分为两大部分，一种是电子飞行仪表系统，包括电子水平状态指示器、电子姿态指引仪、符号发生器及方式控制面板、信号仪表选择板等。另一种是发动机指示与机组警告系统，其用于显示发动机的参数并对其进行自动监控，出现工作异常时会发出警告并记录故障时的系统参数。它一方面大大改善了飞机驾驶员的工作条件，一方面也为飞机维修提供了可靠数据。本系统由两台计算机、两台显示器、两套显示转换组件、一块显示面板和一块维护面板组成。

电子综合仪表系统的主要优点是：

（1）可以把多种数据综合显示在一个显示屏上，从而大大减少了仪表数量，使驾驶员能迅速看到需要的信息。

（2）把各种相关信息通过计算机进行综合分析后，不仅给出了综合信息，而且通过趋势分析给出了指引信号或最佳的飞机操纵方式。

（3）和同时开发出来的飞行管理系统交联，把全部飞行工作交给飞行管理计算机执行，并由电子仪表显示，驾驶员在飞行的大部分时间内只需执行监控和管理，降低了驾驶员的工作负荷，减少了人为差错，提高了飞行安全。

电子综合仪表系统主要包括电子飞行仪表系统（EFIS）、发动机指示与机组警告系统（EICAS）等。其传感部分主要有大气数据系统和惯性基准系统（IRS），这两套系统处理后的数据，不仅提供给电子仪表用于显示，而且作为外界的输入信号提供给飞行管理计算机控制飞行。EFIS 在机电式的组合仪表、姿态指引仪（ADI）和水平状态指示器（HSI）的基础上把来自大气数字计算机、惯性基准系统、无线电导航、通信、雷达装置送来的信息进行处理，然后通过符号发生器转换后以字符或图形的形式显示在显示屏上。EICAS 主要有两个功能：一是接收处理显示驾驶员所需的发动机数据；二是处理从其他系统和传感器上得来的数据及向机组发出警告。

3.4.5 飞机自动驾驶系统

飞机的自动驾驶功能很早就出现了，一开始是利用陀螺仪控制和纠正飞机的飞行姿态；20 世纪 30 年代发展为可控制和保持飞机的高度、速度和航迹的自动驾驶仪；20 世纪 50 年代又出现了和导航系统、仪表着陆系统相配合的自动驾驶仪，实现了飞机长距离的自动飞行、起飞和着陆；20 世纪 70 年代中期，因为计算机的应用，自动驾驶仪实现了更高程度的自动化。在现代化大中型民航飞机中，飞机自动驾驶系统由 4 个部分组成：自动驾驶仪指引系统；推力管理系统；偏航阻尼系统；自动安定面配平系统。

3.4.6 飞机综合电子控制系统

1. 飞行管理计算机系统（FMCS—Flight Management Computer System）

飞机驾驶自动化的进一步发展，要求综合管理飞机的信号基准系统、自动驾驶系统和显示系统，以使飞机在整个航线能实现最佳性能的自动驾驶飞行，这个任务即由飞行管理计算机系统完成。

2. 飞行信息记录系统

它包括两个部分，一个是驾驶舱话音记录器（CVR—Cockpit Voice Recorder），其把驾驶舱内发生的声音和飞行的各种性能数据记录在磁带上，但只能记录飞行最后 30 分钟内的信号，并会把以前的信号抹掉；另一个是飞行数据记录器（FDR—Flight Data Recorder），用于记录飞行时的各种参数，可记录 25 小时以内的 60 多种数据。这些记录被放在一个耐热抗震的金属容器中，即俗称的"黑匣子"。

飞行信息记录系统的主要用途是进行事故分析和飞机维修，也用于飞行实验。

3. 飞机数据总线及阿林克（ARINC）寻址通信与报告系统

由于飞机上各计算机之间的数据交换要处理的参数在 1000 种以上，因此需要设置大量的传输线路才能运转，这加大了飞机的工作负荷和维修保护难度。为了大大减少传输线路的总数，人们又发明了飞机联网系统，目前民航飞机上大多采用美国航空无线电公司制定的阿林克（ARINC）电子设备 429 总线，其使飞机上的数字数据总线变为 110 条，保证了飞机上电子设备的正常运转。

通过阿林克总线，飞机上的各种数据可以实现空地双向的数据链交换，即阿林克寻址通信与报告系统。此系统使飞机与地面有关部门联系成为一个整体，既可以向地面部门自动报告飞机的各种参数，同时也接受地面发来的各种指示和信息，方便了情报的及时沟通和故障的及时处理。此系统还提供了双向语音通信、乘客的空中电话及租用车辆等地面服务项目。

4. 近地警告系统（GPWS—Ground Proximity Warning System）

此系统是 20 世纪 70 年代后开始装备飞机的，功能是通过灯光和声音通知驾驶员飞机正在以不安全的方式或速度靠近地面，提醒驾驶员预防因疏忽或计算不周而发生触地事故。警告险情分为 6 种：下降速度过大；相对于地面的接近速率过大；起飞或复飞爬升时襟翼下放得太小；飞机离地面高度不够；飞机接近地面时，下滑道向下偏离；风切变。

5. 空中交通警戒与防撞系统（TCAS—Traffic Alert and Collision Avoidance System）

根据二次雷达用应答机确定飞机编号、航向和高度的原理，把询问装置装在飞机上，使飞机可以显示相互之间的距离间隔，帮助驾驶员采取相应的措施，防止空中碰撞。

此系统的监视范围为前方 30 海里，上下方 3000 米及一定范围的飞机侧面、后方，能自动计算出监视范围内 30 架以内飞机的动向和可能的危险，提供驾驶员 25～40 秒的时间采取措施。

6. 电传操纵系统（FBWS—Flight By Wire System）

简单地说，就是把传统的对飞机的机械操纵全部改为电信号，从而形成电传操纵，其优点是减少了机械系统的摩擦和时间延迟，反应速度更快，操纵灵敏性更高；同时也避免了原来的手动操纵与自动操纵间转换时的不协调，减少了机械系统装置的数量及重量；更主要的是，它提高了飞机的机动性。

在民航飞机中，最先采用电传操纵的是空客 A320，至 20 世纪 90 年代，各飞机生产商生产的大型客机都改为了电传操纵。

7. 飞机仪表板的安排

驾驶员在驾驶飞机时由于要迅速得到很多信息并及时进行判断，因此他要同时观看多个仪表，所以仪表板上仪表的布局关系到驾驶员操纵飞机的反应时间，也关乎飞行安全。根据各种仪表的重要性和仪表之间的相关程度，使用机电式仪表的仪表板基本上采用如图 3.65 所示的基准 T 型布局（basic T），这种布局称为标准形式布局，驾驶员的正前方是姿态仪表（地平仪或姿态指示仪），由于飞机姿态关系飞机的方向和俯仰，因此姿态仪表是飞行中和其他参数相关联的核心仪表。它的左侧是空速表，右侧是高度表，把这两个表的读数和姿态仪表的读数结合，驾驶员就可以确定飞机的升力和高度，从而决定飞机的俯仰。姿态仪表的正下方是航向指示器，通过这两块表，驾驶员就可以知道飞机处于什么方向，是否在偏转，从而决定飞机的操纵航向。这 4 块主要仪表构成了 T 型，是操纵飞机的基本仪表，左下角的协调转弯仪和右下角的垂直速度表都是姿态仪表的辅助仪表，驾驶员根据它们的指示能更好地控制飞机的俯仰和转弯。

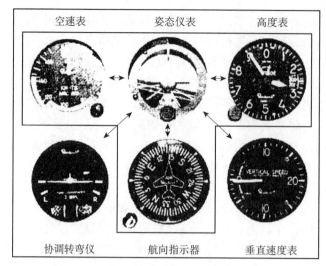

图 3.65　基准 T 型布局（basic T）

3.5　飞机的其他系统

3.5.1　电气系统

飞机的电气系统是指飞机的供电和用电设备系统，早期的飞机用电很少，主要用于电点火系统、无线电收发机、灯光照明和发动机启动。在第二次世界大战之后，飞机的传动系统大量使用电动机来带动操纵面，自动控制设备、通信导航设备和环境调节系统的用电量也大为增长，因此一架大型飞机的用电量可达几百千瓦，输电网络的重量有几百千克，电气系统成为现代飞机的一个不可缺少的组成部分。

电气系统包括电源系统、配电线路系统和用电设备 3 个部分。

1. 电源系统

由主电源、二次电源和应急电源组成。主电源是由发动机带动的发电机；二次电源是改变主电源电压、电流或频率的设备，如变压整流器、变流机等；应急电源一般是由蓄电池构成的独立电源。

电源系统分为直流电源系统和交流电源系统，在用电量不大的情况下低压直流供电系统简单方便，因此在早期的飞机及现在的一些小型飞机上仍在使用。但随着飞机用电量和用电种类的增加，直流电源系统换向调压困难，因此现代飞机大多采用交流电源系统。

1）直流电源系统

主电源供直流电的系统称为直流电源系统，主要用于小型飞机，由直流发电机、电压调节器、逆流断路器、变流器、稳压器和蓄电池组成，工作电压为 28V。如图 3.66 所示是直流电源系统示意图。

航空直流发电机的构造原理和其他发电机没有太大的不同，但是重量和体积都要比地面上使用的小得多。其采用高电磁负荷的电工材料，并且利用迎面气流来强制冷却。

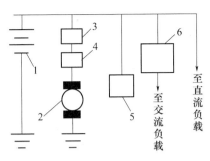

1—蓄电池；2—直流发电机；3—逆流断路器；4—稳压器；5—电压调节器；6—变流器

图 3.66　直流电源系统示意图

（1）电压调节器的作用是调节因发电机转速改变而产生的电压的变化，使之能为用电设备提供足够稳定的电压。发电机由发动机带动，发动机的转速变化很大，相差将近一倍。常见的电压调节器是炭片电阻器，利用电磁铁和弹簧的反作用力相互作用在炭柱上。电磁铁和发电机并联，电压高时磁铁内的电流大，电磁铁的吸力大，炭柱放松，而炭柱又和发电机的励磁绕组并联，这时电阻变大使励磁电流减小，发电机的电压下降，从而使电压保持平衡。

（2）逆流断路器的功能是保证发电机的向外供电，当发电机的电压小于并联网络或蓄电池的电压时，断路器断开，避免了因电流回流造成的能量浪费。它由一个电磁铁和一个触点开关组成。电磁铁上有两个线圈，一个是和发电机并联的电压线圈，一个是和电路串联的电流线圈。触点开关是由弹簧支撑的常开开关。在启动时，发电机的电压没有达到额定电压，开关断开，一旦电压升高到额定电压，电压线圈中的电流增大，电磁铁的吸力增大，开关闭合，线路接通。在运行中，如果电路中的电流变为 0 或逆向，那么电流线圈中的磁场减小或反向，开关也会断开。逆流断路器的线路结构如图 3.67 所示。

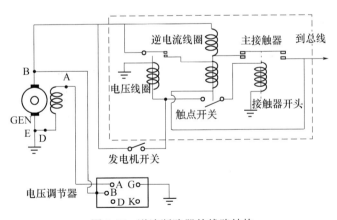

图 3.67　逆流断路器的线路结构

（3）蓄电池是一种将化学能转换成电能，又将电能转换成化学能的储电装置，蓄电池与主电源并联，当电网电压升高时，电网向蓄电池充电，当主电源发生故障、电网电压下降时，蓄电池向电网供电，因此蓄电池用于启动发动机或作为应急电源。

　　航空用的蓄电池主要有两种，一种是铅酸电池，是轻型飞机的标准设备，由 12 个电压为 2V 的单个电池串联组成。铅酸电池制造简单、价格低，在工业上广泛应用，但是它的内电阻大，供电容量小，满足不了大型喷气飞机的需要。第二种是镍镉电池，这种电池内阻小，可提供用于启动喷气发动机的大电流，因此大部分的喷气飞机使用镍镉电池，但它的价格较贵。

2）交流电源系统

直流发电机的换向器会产生火花，影响电子仪表工作，同时直流电源系统不易变压，只能用 28V 的低压系统，因此在用电量大的飞机上都采用交流电源系统。交流发电机没有换向问题，变换（变压、变直流）方便，同时，维护的工作量也较小。飞机上使用电压为 115/200V，频率为 400Hz 的三相交流电源系统，该系统由发电机、稳频系统和调压器组成。

（1）发电机：如图 3.68 所示是某大型飞机的发电机线路，该发电机是一个三相交流发电机。单相电压为 115V，线间电压为 200V，频率为 400Hz。目前大部分飞机采用的发电机励磁磁场是由励磁电枢产生的，因此无须电刷，这种无电刷发电机在发电时不会产生火花，因此不会对电子仪表造成干扰。

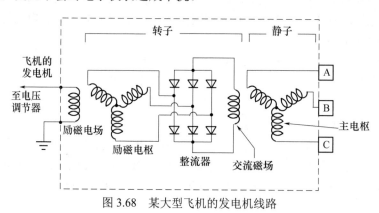

图 3.68　某大型飞机的发电机线路

（2）稳频系统：发电机的频率和它的转速直接相关，发电机是由发动机带动的，发动机的转速在变化，因此交流电的频率也在变化，变频的交流电除一些加热设备可以使用外，大多数设备不能使用，因此需要稳频装置使交流电的频率保持稳定。飞机上使用的稳频装置如图 3.69 所示，共有两种。一种是机械式的，发动机的机械能先转换成液压能，液压驱动马达并保持转速不变，再由马达来驱动直流发电机发电。另一种是恒频变速式的，基本构造如图 3.69（b）所示，它先把频率变化的交流电转换成直流电，然后由线路把直流电转换成恒频的交流电。

（3）调压器：调压器用于控制发电机输出的三相电压之间的平衡，并且在频率过低时保护发电机和用电设备不受损害，现在的调压器大多是一个固体电路的整流器和断路器，串接在励磁线路中，可以防止因电流过大造成的不平衡。在出现特殊情况时，可以用于切断励磁线路。

2. 配电线路系统

这个系统包括导线组成的电网路、各种配电器具及检查仪表。现代飞机上的输电线路由单线制取代了过去的双线制，即用电设备只使用一根绝缘导线，回路用金属机体作为地线，这样节省了大量的导线。只有一些小型非金属机身的飞机仍使用双线制，即一

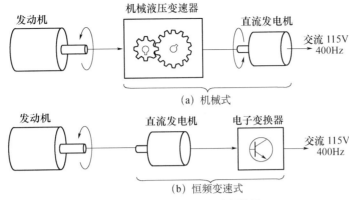

图 3.69　飞机上使用的稳频装置

台设备使用两根绝缘导线。在电力的控制上大部分都实行了用带触点的电磁开关控制或无触点的固体电路控制。电磁开关是用电磁铁控制触点使电路通断。固体电路的通断不用触点，由电子线路控制，因此减轻了电网的重量和驾驶员的工作负荷，同时提高了工作的安全性。

　　配电线路系统由导线、接头、开关、继电器、保险装置组成：

　　（1）现代化飞机上导线的重量高达上百千克，有各类规格的导线，布线也十分复杂，通常都使用不同的颜色表示不同的系统，在维护时要非常细心地按照线路图的规定工作。

　　（2）飞机上的导线接头也有多种，包括机械压合的、螺钉压紧的、焊接的和专用的插头插座，使用时应注意接触是否良好，任何疏忽都会导致事故。开关和继电器是控制线路的主要器件，限流器件主要是保险丝和断路器。保险丝是在电流过大时熔断的金属丝或金属片，通常装在玻璃或塑料管中；飞机上多用断路器作为限流装置。断路器通常称为跳开关，它是一个过电流的继电器，只要电流过大，就会自动切断电路，优点是容易恢复通路及可以使用大电流。

　　3. 用电设备

　　飞机上的用电设备主要有电动机、仪表电源、照明设备、电加热设备。

　　1）电动机

　　飞机上大量使用各类不同的电动机来启动发动机，操纵舵面、襟翼、起落架和通风。包括直流电动机和交流电动机。

　　直流电动机的优点是启动力矩大，变速和改变旋转方向简单，因此在启动发动机和操纵起落架时都使用直流电动机。由于小型飞机上只有直流电源系统，因此只使用直流电动机。启动发动机用的电动机要靠蓄电池来启动，因此只能是直流电动机。有的小型飞机上的发电机是可逆运行的，称为可逆电动机，即在有动力带动时是发电机，但在无外界动力和输入电流时是电动机。

　　交流电动机的重量轻、维护容易，但调速困难，并且启动力矩小，因此只用于通风系统中，或者陀螺仪表转子和风扇上。飞机上的交流电动机都使用 400Hz 的交流电，由于频率高，因此它们的重量比地面用的同类电动机轻。

　　2）仪表电源

　　早期飞机的仪表是电动式的，对用电的要求不高，一般由直流电源直接供电。现代的飞机仪表装备了大量使用固态元件的电子器件，对电压波动十分敏感，如果电压变化过大，这些仪表就会受到损坏。因此向仪表供电使用单独的电源总线，并对电压的波动有严格的要求。仪表电源总线通过一个分路继电器、一个二极管和主电源相连，用以保护仪表设备。

3）照明设备

为了保证飞机的飞行安全及机组和旅客的照明需要，飞机上装有多种照明灯。在有交流电源的飞机上使用交流电，在只有直流电源的小型飞机上才使用直流电。

（1）外部照明：飞机的外部照明灯有航行灯、着陆灯、滑行灯、防撞灯和机翼检查灯。

航行灯在飞机的左右翼尖和尾翼顶端，颜色是左红、右绿、尾白。这样在夜间运行时其他飞机和车辆都能辨别出这架飞机的运动方向，以保证安全。

着陆灯和滑行灯用于在着陆和滑行时为前方照明，它们装在机翼根部前缘或主起落架上，飞机着陆时机头抬起，因此着陆灯要向前下方照射，而滑行灯则直照前方，要求着陆灯或滑行灯都能够照亮机头前方50米的距离，因此它们的功率都很大，一般由驾驶舱中间的跳开关操纵。

老式的防撞灯由一个固定灯泡和一个两面镶红色玻璃、另两面不透光的灯罩组成，使用时，灯罩以45转/分的速率旋转，每分钟发射90次频闪灯光。新式的防撞灯使用频闪灯，由电容充电，在电压达到400V时放电，产生强光，通过不断地充电和放电，灯光按照一定的频率闪动。大型飞机要求至少装3个防撞灯，两个白色灯在翼尖，一个红色灯在机身上方或尾翼顶端。

机翼检查灯的目的是让驾驶员能看到机翼的结冰情况，以便采取防冰措施，一般装在机身或发动机吊舱上。

（2）内部照明：飞机的内部照明灯有两类，一类是白炽灯，一类是荧光灯。

白炽灯可用直流电或交流电，而荧光灯只能用交流电，大型飞机上有交流电源，因此无论是座舱照明、仪表照明，还是驾驶舱照明，大多使用荧光灯，只有阅读灯为了保证光线集中使用白炽灯。小型飞机上因为只有直流电源一般使用白炽灯。目前在仪表板上大量使用荧光灯，新型的小型飞机上都配有变流机，为这类仪表照明提供交流电。

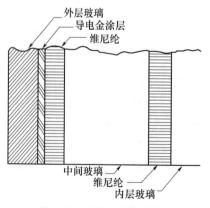

图3.70 风挡玻璃的结构

4）电加热设备

飞机上的电加热设备主要用于防冰和加温。电热防冰用电阻丝加热，飞机的空速管、风挡玻璃使用电热防冰，部分飞机在机翼前缘及发动机进气口使用电热防冰，座舱饮食使用电热加温，有些飞机上电加热设备的用电量占整个飞机用电量的50%以上。

风挡玻璃的性能对于飞行安全十分重要，一要防冰、防雾，保持清晰透明，二要能够抵抗较大的压力。为了达到这些要求，风挡玻璃都采用多层结构（见图3.70），一般使用三层玻璃中间夹两层维尼纶的结构，最外层玻璃的内侧还有一层用金喷涂的导电层，通过电子控制系统控制温度来加热玻璃。

3.5.2 飞机的液压系统和气压系统

液压机械和气压机械属于流体动力机械，它们的优点是重量轻，工作平稳可靠，易于维修检查。液体的传力效率除少量的摩擦损耗外，几乎达到 100%，因此液压系统成为现代飞机上操纵执行机构的主要动力。收放起落架、刹车和操纵增升装置都使用液压系统。由于气体的可压缩性，气压系统不如液压系统的准确度高，但它的重量轻，并且使用空气作为工作介质时不用回收且没有污染，因此在大多数飞机上，气压系统是作为液压系统的备用系统或辅助系统的，也有一些飞机把气压系统作为主要的操纵动力系统。

1. 液压系统

1）原理

液压系统的工作原理是巴斯加原理：在一个密封的充满液体的容器中，如果对液体的任何一部分施加压力，液体将把这个压力不变地传到整个容器的任一点。这是由液体的不可压缩性决定的。即：

$$作用力 = 压力 \times 面积$$

由于液体传递的压力不变，因此如果在一个小的面积上作用一个力在大面积上就会得到一个大的力，这就是助力器的基本原理。但我们知道能量是不会无中生有的，虽然作用力变化了，但是它们做的功是一样的，同样的力推动物体运动移动过的空间体积应该是相同的，即：

$$体积 = （活塞）面积 \times （移动）距离$$

液压的所有机构都依据上面两个公式动作。

2）作用

液压系统有 3 个优点，一是力可以在密封容器中进行长距离的即时传输；二是可以通过改变活塞面积来改变力的大小，如图 3.71 中 2 号活塞上的力比 1 号活塞上的力大 20 倍；三是在遇到阻力时，液压系统中力的传输方向是单向的，液压系统不易受损。

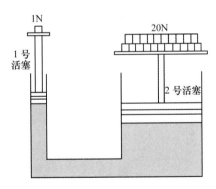

图 3.71 液压系统图示

飞机上的液压系统用于传力、助力，在低速的小型飞机上，驾驶员可以通过钢索操纵飞机而无须使用液压系统；而在大中型飞机上液压系统是操纵系统的动力来源，一旦出现问题，驾驶员就无法操纵飞机，因此为了确保液压系统的正常工作，通常装有两套独立的液压系统，以保证飞行安全。大型飞机通常除由发动机带动的两个液压泵外，还有由蓄电池供电的电动泵和由辅助动力装置带动的液压泵，供紧急情况使用。

中型飞机上液压系统的压力一般在 9800kPa 以下；由于大型飞机需要更大的力来操纵，因此要相应提高液压系统的压力以减轻设备重量，通常为 20600kPa。

液压系统在高压下工作，因此易出现液压油渗漏的问题，此外，液压油还有易燃烧等缺点，应在检修中注意。

3）工作介质

液压系统中的工作介质要求黏度适中，化学稳定性好，不易燃、不易爆，对人体无害，不腐蚀飞机的结构材料。早期的飞机使用植物油，被染成蓝色，称为蓝油，但这种油易变质，燃点不高，现在已经很少使用。现在的小型飞机广泛使用由石油提炼的矿物油，被染成红色或深黄色，称为红油，这种油的化学稳定性好，但在遇到某些溶剂时易燃。现代化的大型飞机使用磷酸酯基的合成液体，被染成淡紫色，称为紫油，它的耐热性好，工作温度可达100℃，即使燃烧也不扩散，缺点是易被水污染，对密封性的要求严格，使用时不能与其他介质混用。

4）工作元件

液压系统由泵、阀、蓄压器、作动器、液压马达、过滤器、储液箱等组成。

（1）泵的作用是给液压系统加压使其达到规定压力，飞机上常用的是齿轮泵、柱塞泵和手动泵。齿轮泵通过两个和外壳紧贴的齿轮旋转来给液体加压，齿轮泵的构造简单，主要用于产生中等压力。柱塞泵通过7个或9个柱塞在一个整缸体内上、下运动，由缸体旋转把液体压出后增压，柱塞泵能产生高压，是大型飞机的标准设备。一些型号的飞机上还有手动泵，在其他泵失效时使用。泵的类型如图3.72所示。

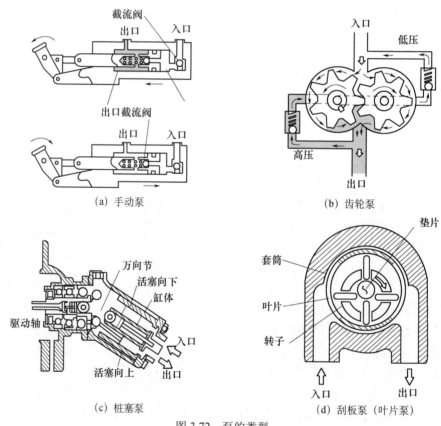

图3.72 泵的类型

（2）阀：液压系统的阀多种多样，分为两大类，分别是流量控制阀和压力控制阀。流量控制阀包括换流阀、截流阀和过流阀。压力控制阀包括安全阀和减压阀。

换流阀：用于改变液体的流向。

截流阀：也叫单向阀，它只允许液体向单一方向流动，不能回流。

过流阀：为了防止液压系统当某处破损时大量漏油，因此它实际上是截流阀的一种变形。

安全阀：它的作用是当压力超过规定压力时保证设备的安全。

减压阀：它的作用是把压力减到某个数值供一些机构使用。

（3）蓄压器也叫蓄势器（见图 3.73）。它的作用是保证液压系统中压力的稳定，我们知道液体是不能压缩的，因此液体流动时就会造成压力的不稳定，为了储存压力就必须使用可以压缩的物质，所以使用气体来蓄压。蓄压器是一个液、气联合作用的高强度容器，容器中使用薄膜或囊将液体和气体两个部分隔开，当液压系统的压力增大时，薄膜压缩气体，使气体压力增加，把压力储存起来。当液压系统的压力减小时，气体膨胀，保持压力稳定。蓄压器使用的气体是空气或氮气，蓄压器的空气阀门是一个高压阀，使用时要注意安全。

（4）作动器是液压系统的动作执行机构，它把液体压力转换成直线或旋转的机械运动。把做直线运动的作动器称为作动筒（见图 3.74），把做旋转运动的作动器称为液压马达。

作动筒就是液压缸和活塞系统。活塞受液压推动在缸体中做直线运动，并通过活塞杆推动其他机构。作动筒分为单向或双向，单向的用弹簧恢复原位，双向的可以通过配流阀向两个方向运动。

（5）液压马达通过把液体压力转换成轴的旋转从而输出功率。液压马达有两类，一类是柱塞式，用于大功率、低速、高扭矩的情况；另一类是刮板式，其结构和刮板泵相同，用于高速、低扭矩的情况。

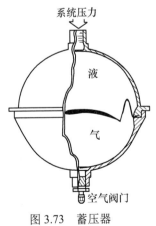

图 3.73　蓄压器

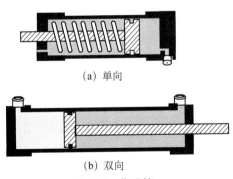

（a）单向

（b）双向

图 3.74　作动筒

（6）过滤器的作用是保证油路的清洁，避免微小颗粒进入系统损伤机件。过滤器中装有滤纸或金属滤网。液压缸和活塞之间的间隙非常小，因此极小的微粒也可能造成缸壁的损坏，金属滤网要求能够滤掉直径在 10 微米（10^{-6} 米）以上的微粒。滤纸是一种经过特殊处理的纸，折叠后放在过滤器内；金属滤网由不锈钢制成。液体通过过滤器后会使压力降低，有的过滤器上带有两级的压差指示器，用于保证在大流量时压力不会降低太多。

（7）储液箱是储存液体的容器。低空飞行的小型飞机采用不加压的储液箱，在高空飞行的飞机，由于大气压力低，不能保证液体的供应，因此都采用增压储液箱，以使液流通畅。增压储液箱是密封的，它的增压气体来自发动机或由液压压缩的气室，以使油面上的气体保持 2 大气压以上的压力。

如图 3.75 所示是一个大型飞机的液压系统示意图，通过共用储液箱向两个发动机泵（2 号发动机泵、3 号发动机泵）、两个备用电动泵（1 号交流泵、2 号交流泵）和手动泵供油，由泵输出的高压油液再经过安全阀输往蓄势器和整个管路。使用液压系统的部件包括起落架、刹车、前轮转向机构、襟翼、外侧扰流板、内侧扰流板、方向舵和货舱门。

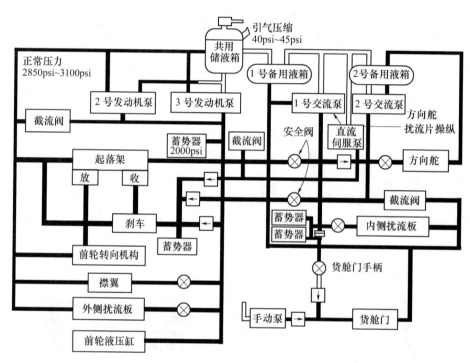

图 3.75   一个大型飞机的液压系统示意图

5）冲压空气涡轮

当飞机在空中出现发动机、辅助动力装置同时失效时，为了保证驾驶员仍然能够操纵飞机，会在飞机上安装冲压空气涡轮，它平时封装在机翼或机身中，当出现上述情况时，从机体内伸出，由迎面而来的气流吹动涡轮，涡轮带动泵，为液压系统提供动力。

2. 气压系统

大型飞机上的气压系统是液压系统的辅助系统，用于紧急情况，分为高压系统、中压系统和低压系统。

1）高压系统

使用钢瓶储存高压气体，用于紧急情况，气压范围为 70～210 大气压。高压气瓶中的气体为空气或氮气，一般在地面上充好，空中不能充气，但现代的大型飞机中装备了高压压气机，所以可以在空中充气。如图 3.76 所示是气压紧急刹车系统，气体从气瓶中通过充气阀减压送入传送管，再经往复阀送到刹车上。往复阀中有一个浮动的活塞，连接液路和气路，当液压系统工作时活塞向下，堵死气路，液体通过边孔作用刹车；当液压系统失灵时，活塞上浮堵塞液路，气体被送入刹车系统工作。

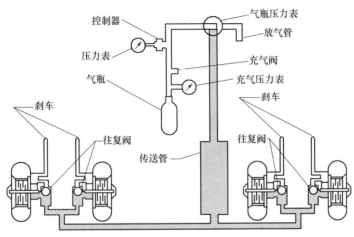

图 3.76　气压紧急刹车系统

2）中压系统

中压系统中气体的压力为 2～7 大气压，一般在喷气飞机上使用。气体从喷气发动机的压气机中引出，先经过空调增压系统，然后用于各种机械部件。

3）低压系统

低压系统装在使用活塞发动机的飞机上，由发动机带动叶片气泵，向系统连续输送高于 1 大气压的压缩空气。叶片泵的构造如图 3.77 所示，转子上带有两个可以在径向滑动的叶片，转子在气室中是偏心的，因此把气室分成 4 个不均等的部分。当转子顺时针旋转时，在进气口时，气室 B 的容积最大，转到 C 处时气室的容积变小，转到 D 处时气室的容积最小。当气室内的容积减小时，气体的压力就会增加，在 D 处被压缩送入排气口，每转一次气体就这样压缩一次，送至系统中，低压系统主要用于向涡轮带动的陀螺仪表供气。

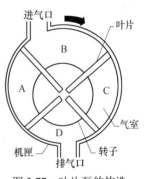

图 3.77　叶片泵的构造

气压系统中使用的元件和液压系统相似，由于气体不用回收，因此气压系统中没有蓄压器和储气箱，如图 3.78 所示是一个双发动机飞机的气压系统，气路中使用两台压气机（左发压气机和右发压气机）供气。压缩空气首先经过往复阀，它的作用是使气体压力保持在一定范围内，如果压力过高，就把气体通过安全口排到系统外。气体还要经过水气分离器和干燥器以保证气体干燥，然后通过过滤器使气体清洁，最后通过减压阀把压缩空气供应到起落架、舱门等动作机构上。另外，高压气瓶（主气瓶、紧急用气瓶、刹车气瓶）也和系统相连。

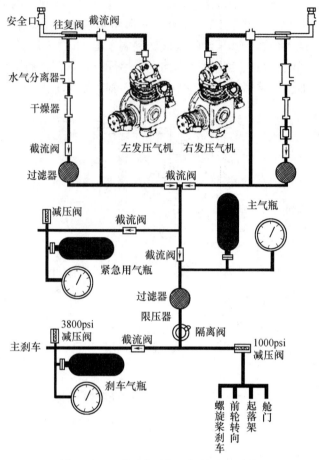

图 3.78　一个双发动机飞机的气压系统

3.5.3　座舱环境控制系统

随着飞行高度的增加，大气压下降，大气中的含氧量下降，在 4000 米的高空中人体内的氧气已经不能维持正常的活动，会出现缺氧症状。在 6000 米的高空中人能维持正常工作的时间（有效意识时间）下降到不足 15 分钟，在 8000 米的高空中这个时间只有 3 分钟，此外在 8000 米以上的高度时，人体内部分的氮气和水分都会以气体的形式逸出体外，使身体浮肿，称为减压症。在 10000 米的高空中，气温会降到零下 50℃以下，因此飞行高度在 6000 米以上的飞机必须采用环境保护措施来保障乘客和机组人员的生命安全。这种保障系统我们称为座舱环境控制系统（Environmental Control System—ECS）。它包括 3 个部分：氧气系统、增压座舱和空调系统。

1. 氧气系统

除没有增压舱的货机和一些军用飞机使用氧气面罩来维持机组的生命外，现代飞机的氧气系统只在紧急情况下用于救生。它由氧源、管路和面罩等部分组成。目前绝大多数客机的氧气是用高压气瓶储存的，有的飞机上使用化学的氧气发生器作为备用气源，还有个别客机和军用飞机使用液氧作为氧气源。储氧用高压气瓶，使用压力为 150 大气压，通常充到 120 大气压，通过减压阀把氧气送到系统中去。氧气发生器使用氯酸钾作为放氧剂，氯酸钾被加热时会放出氧气，它与一些可燃物被压成圆柱状，放在耐热的容器中，点燃它的一端就会不断地放出氧气，因为形状像蜡烛，一般称为氧烛。如图 3.79 所示是氧气发生器图示。

现代飞机一般采用连续供氧系统为乘客供氧，它的管路如图 3.80 所示，由过滤器、截流阀、气压表组成高压部分，经过减压阀后，成为低压氧气连续输送到面罩上。客机上提供给乘客使用的氧气面罩和供氧系统如图 3.81 所示，氧气面罩通常在天花板上，一旦舱内气压低于 4500 米的高空气压时，就会自动落下。

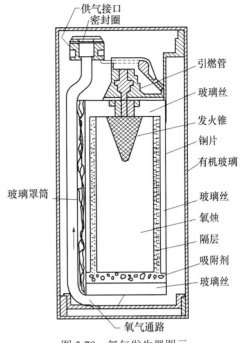

图 3.79　氧气发生器图示

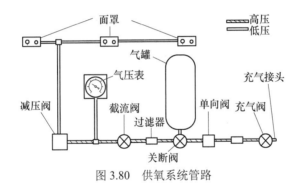

图 3.80　供氧系统管路

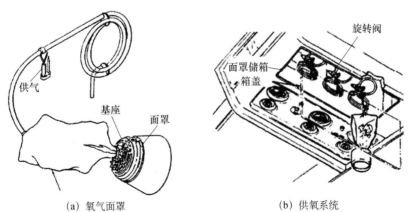

(a) 氧气面罩　　　　　　　　(b) 供氧系统

图 3.81　客机上提供给乘客使用的氧气面罩和供氧系统

机组人员的供氧系统要比乘客的复杂，因为驾驶员的活动量大并且责任重，一旦出现缺氧症状，那么后果不堪设想。机组人员的供氧系统一般采用需用压力系统，这个系统与连续供氧系统的不同在于气体减压之后，每个成员的面罩前有一个需用压力调节器，这个调节器按照使用者的呼吸过程断续供氧，使用者可以按自己的需要来调整氧气的压力。这个需要压力调节器不仅可以调节氧气的供应量，还可以通过调节吸入的空气量来调节氧气的浓度，一般称为呼吸压力调节器。

呼吸压力调节器的图示如图 3.82 所示。从图中可以看出氧气从上面的孔进入，空气从下面的孔进入，膜片的作用是使需量控制阀在吸气时打开，呼气时关闭，氧气的进入量和空气的进入量都可以通过空气调节杆来调节，这样既保证了机组人员的用氧，又节约了氧气。

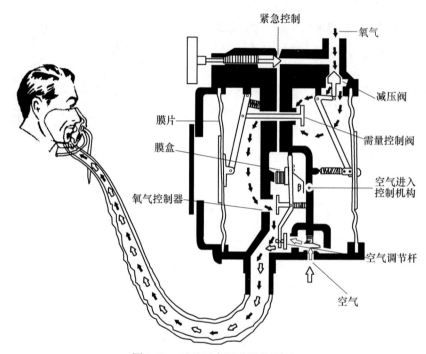

图 3.82　呼吸压力调节器的图示

2. 增压座舱

高空的低气压会使人产生减压症症状，因此在高空飞行时座舱和驾驶舱的气压要保持在一定范围内。早期的活塞式飞机只能在 5000 米以下的空域中飞行，但为了躲避雷雨，有时要飞到 6000 米以上，当时的解决方法是给旅客戴上氧气面罩或穿上抗压服。喷气飞机出现后，为了快速安全地运送大量旅客，必须长时间在 7000 米以上的高空飞行，因此就需要使整个座舱的压力保持在适当范围，故飞机上会设置专门的增压座舱。增压座舱要有一定的密封性能，以保证舱内压力。

增压座舱的气源来自发动机，喷气飞机通过发动机压气机引出的气体加压，活塞式发动机则备有专用的增压器为座舱增压，座舱的压力高度保持在 1800～4000 米。飞行的高度越高，座舱外的压力越低，为保证座舱内外的压力差基本不变，座舱内的压力也要减小。飞行高度越高，气体向外泄漏得越多，加压装置也要供应更多的空气，当加压装置供应的气体不足以保障 4000 米高度的压力时，飞机也就到了它飞行高度的极限。

现代飞机座舱内的压力高度一般保持在 1800～2400 米，以保证旅客在飞行过程中的舒适度。

增压座舱内外的压差使飞机结构承受巨大的力，在 2400 米的高度时，大气压力为 0.76 大气压，在 12000 米的高度时，大气压力为 0.19 大气压。在 12000 米的高度，如果飞机内部要保持 2400 米座舱高度的气压，那么飞机外壳就要承受 0.57 大气压差，飞机结构就要承受 37 吨的力，为了保证飞机结构的安全，就要加厚加固飞机结构，因此飞机结构材料的重量增加。为了控制这个重量，一般飞机都要确定座舱内外最大的压力差值，因此随着飞行高度的增加，座舱高度也会相应增加以保持压力差在允许范围内。增压气体的供气系统如图 3.83 所示，空气由增压涡轮和座舱空气入口送入空调组件，再供应给座舱，舱内设有减压阀，可在舱内压力过大时，把气体排出。

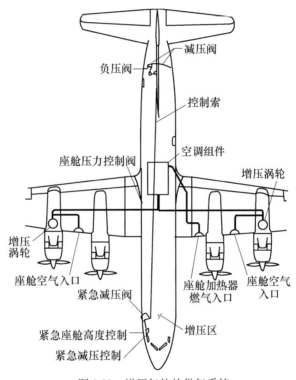

图 3.83 增压气体的供气系统

3. 空调系统

空调系统的功能是保证座舱内的温度、湿度和 CO_2 浓度，以提供舒适安全的飞行环境。空调系统由加热、通风、去湿等部分组成。

在小型飞机上加热由电加热器或烧油的加热器完成，通风和去湿则通过飞机前部向外界开孔把外界的冲压空气引入来完成。现代化的大型飞机上把控制飞机座舱内部的压力、温度、通风的机械组成一个完整的系统，包括空调组件、分配管路和控制系统等部分。

如图 3.84 所示是空调组件图示，空调组件用于一种双发喷气客机，由发动机引来的热空气和外界进入的冲压空气通过一次热交换器，使引气冷却，冷却的引气通过制冷器的热交换器进一步冷却，再经过水分离器送入可调的供气管路。发动机引来的热空气与供气管路中的引气连通，通过调节引气管上的控温阀来调节座舱温度。

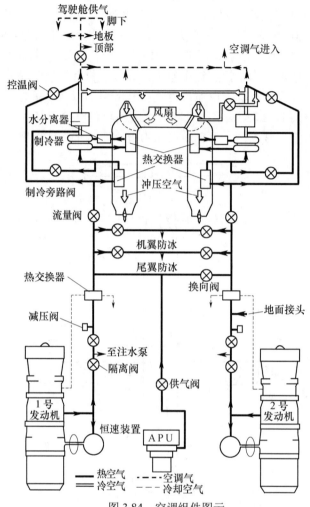

图 3.84　空调组件图示

如图 3.85 所示是飞机的空调系统图示。调节后的空气送入空气分配系统的空调组件，通过空调总管下不同的管路（1 区、2 区、3 区、4 区）由座舱壁和顶部的通风孔送入座舱，座舱内有空气循环孔，可通过循环风扇回收座舱空气并重新利用。

空调系统的控制系统由设在各区的温度传感器、座舱高度表、湿度计组成，控制板在驾驶舱中，驾驶员可以根据表上的指示对座舱内的温度进行调节。

3.5.4　燃油系统

燃油系统包括飞机上储油的设备和向发动机供油的整个系统，没有它发动机就无法工作。

小型飞机使用重力供油，油箱的安装位置比发动机高，燃油依靠重力流入发动机，油箱一般是铝合金焊成的硬油箱或用橡胶制造的软油箱，通过管路、阀门和发动机连接。

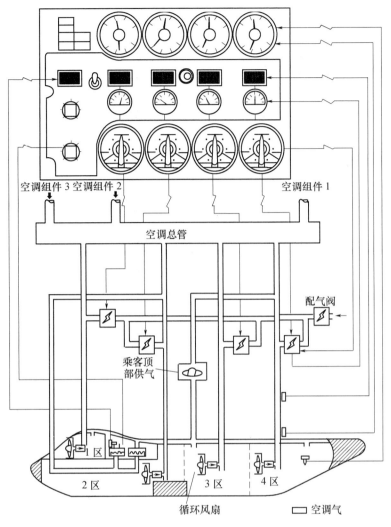

图 3.85　飞机的空调系统图示

现代大型飞机的耗油量很大，如波音 747 每小时的耗油量为 9～10 吨，必须采用压力供油方式，油路中安装汲油泵使燃油增压，把油压向发动机。大型飞机的燃油系统由油箱、汲油泵、供油管路、加油系统和放油系统组成。

如图 3.86 所示，大型飞机上有多个油箱，它们之间通过管路相连，最后送到发动机上。为了控制飞机的重心，需要通过燃油系统中管路的控制阀门（换向开关、选择开关），使燃油按照一定的顺序消耗。每个油箱的最低点都装有汲油泵，汲油泵通过选择开关把油运往主油泵。两个主油泵中的油可通过换向开关运往任何一台发动机或任何一个油箱，这样就可以通过控制燃油的流动顺序来保证飞机的重心变化在允许的范围内。如图 3.87 所示是燃油系统在大型喷气飞机上的布局。

大型飞机载油很多，如波音 747 最多可载油 163 吨，为了节约加油时间，机上一般都装有压力加油口，用粗管和各油箱连通，以便地面加油车可迅速把油加满。飞机在载有大量燃油的情况下，出现紧急事故时，为了安全着陆要把油箱内的燃油迅速排出，因

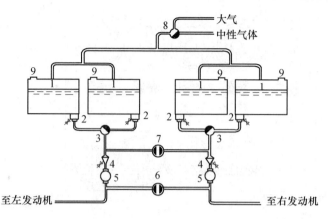

1—油箱；2—汲油泵；3—选择开关；4—油滤；5—主油泵；6—换向开关；7—选择开关；8—通气孔；9—放油开关

图 3.86　燃油系统图示

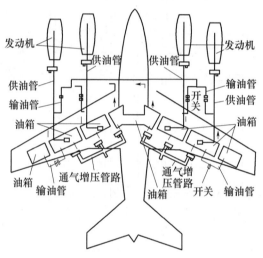

图 3.87　燃油系统在大型喷气飞机上的布局

此还设有紧急排油孔，紧急排油孔和油箱通过控制阀用粗管相连，紧急排油孔向外打开以免排油时污染飞机。有些大型飞机的燃油系统会在油箱中充入中性气体，不仅可以保证油箱内的压力，还可以提高安全性。

3.5.5　防冰系统和防雨系统

1. 防冰系统

飞机在温度为零度左右的云层和雨区中飞行时，飞机机身表面的某些部位，如机翼前缘、尾翼前缘、发动机进气道前缘、空速管、伸出的天线和风挡玻璃上会结冰，结冰对飞行性能会产生很大影响，严重时会导致坠机。机翼前缘和尾翼前缘结冰会使翼型改变，降低升力，破坏操纵性能；发动机进气道前缘结冰会导致进气不畅，影响发动机推力，如果冰层碎裂，冰块吸入发动机还可能打坏发动机；空速管或伸出的天线结冰会影响仪表的指示；风挡玻璃结冰会妨碍驾驶员视线。总之，飞机各部位都不允许结冰。防止或消除结冰常采用 4 种方式：气热防冰、电热防冰、化学溶液防冰和机械防冰。

1）气热防冰

用于飞机上对防冰面积需求较大的部位，如机翼前缘、尾翼前缘、发动机进气道前缘。喷气飞机的热气源来自发动机中的压气机，活塞式发动机需要先用加热器加热空气，再把热空气通过管道送到需要防冰的部位，目前大中型飞机均采用这种方法进行大面积防冰。

2）电热防冰

利用电阻把电能转化为热能进行防冰，用于飞机上对防冰面积需求较小的部位，如空速管和风挡玻璃。空速管内装有功率很大的电阻丝在结冰时通电把冰融化。风挡玻璃通过玻璃上的金属涂层加热。

3）化学溶液防冰

将防冻液喷洒到防冰表面可以防冰或除冰。防冻液是冰点很低的化学液体，是酒精和甘油的混合物或异丙基酒精，它们能使水的冰点降低或使结冰融化，主要用于螺旋桨飞机的螺旋桨防冰或小型飞机的机翼等部位的防冰。

4）机械防冰

在小型飞机上还广泛使用机械防冰的方法，例如，在机翼前缘装上一层橡胶防冰管带，平时这些防冰管带紧贴在机翼上，结冰后在管带内充放压缩空气使管带反复膨胀、收缩，从而使冰层破裂，被迎面气流吹掉。

2. 防雨系统

飞机的防雨系统主要是防止雨水在风挡玻璃上聚集，因为这会影响驾驶员的视线。中小型飞机采用和汽车同样的雨刷来刷去雨水，只不过这种雨刷要承受更大的空气动力载荷，功率更大。大型飞机多使用防雨液，这种防雨液的作用是使雨水聚积成球状，不依附在风挡玻璃上。这种方法在雨水较大，能把风挡玻璃湿透时使用；在雨水较小时，防雨液可能黏在玻璃上，清洗较困难。此外，也可以通过发动机引来热气吹在风挡玻璃外面来防雨。

3.5.6 防火系统

飞机的任意一个部分起火都会造成严重后果，因此防火是飞机从设计开始到使用期间的一个重要任务。飞机容易起火的地方有发动机舱、客舱、电气设备舱、燃油箱，因此对这些地方需要进行特殊的设计，如在发动机舱内安装防火隔板（也称防火墙），使得在起火时火势不至于蔓延；对客舱内的各种设施和壁板的材料采用阻燃的并且不生成有毒气体的材料；在电气设备舱内做好电路防护，以减少电火花的产生。但除这些措施外，还必须装有按民航当局规定的防火系统，以便在发生火险时，可以及时探测、迅速扑灭。一般情况下不会轻易动用防火系统，但它是重要的安全保障系统，因此必须经常检查、更换，以保证处于随时可用的状态。

1. 火警探测系统

火警探测系统由温度探测和烟雾探测两个部分组成。

（1）温度探测：形式主要有两种，一种是点测温型，即以热接触开关或热电偶探测某一点的温度，如果这一点的温度超过规定值，就发出报警信号；另一种是面测温型，用热敏电阻材料填装的测温管或气体压力测温器对某个环境的温度变化进行测量。环境中某一点的温度过高，就会使测温管中热敏电阻材料的电阻变化，从而使电流变化发出警报；气体压力测温器是利用环境温度升高时气体压力的增大来触动开关进行报警的，通常是把惰性气体或一些低温吸附气体放置在一个密闭容器内，温度升高时，压力增大，推动薄膜开关报警。

（2）烟雾探测：包括 CO 探测、烟雾探测和火焰探测。

CO 探测：燃烧中生成的有致命毒性的气体是 CO，它是无色无味的，因此必须使用专用的探测器，这种探测器是试剂型的，即 CO 的浓度达到一定程度，试剂变色，从而发出警报。

烟雾探测：一种是光电池型，烟雾进入探测室，其中的光线被遮挡，光电池因产生的电流减少而发出警报；另一种是电离型，烟雾进入装有空气离子的探测室，烟雾的颗粒被吸附在空气离子上，减弱了空气的电离度，从而发出警报。

火焰探测：火焰产生的明火，足以使放置在这个区域的光电池产生较大的触发报警系统的电流。

2. 灭火装置

起火根据环境条件分为 3 类，第一类是固体材料起燃，如衣物、壁板、客舱失火；第二类是油类（燃油、润滑油、液压油）起火；第三类起火包含电器。

根据起火类别的不同使用的灭火器也应该不同，错用灭火器会伤及灭火者。灭火器分为：

（1）海仑族灭火器：它的成分是卤族（氯、溴、氟）元素与碳氢化物的合成物质，由于配比不同，因此按不同成分编成了不同的"海仑号"在不同的区域内使用，这是目前灭火效果最好的灭火器，可以用于上述 3 种类型的起火。由于这类灭火剂的发展速度快，产品种类多，有些在使用一段时间后会出现一些问题，因此在装备时应按照有关规定和最新的信息选用。

（2）惰性气体灭火器：有两类，一类为 CO_2 灭火器，一类为 N_2 灭火器。

CO_2 灭火器：CO_2 不燃烧并且比空气重，喷出后把火区的氧气隔绝，从而灭火。CO_2 可以压缩成气体或液体装入灭火器中，也可以用重碳酸纳加压保存在 CO_2 中制成干粉灭火器，CO_2 灭火器可以用于以上各种起火情况，虽然效果不如海仑族灭火器，但价格较低。

N_2 灭火器：其灭火效果比 CO_2 灭火器好，而且在喷射时不会出现 CO_2 灭火器的结冰堵塞现象。

（3）水质灭火器：这类灭火器又称泡沫灭火器，由化学溶剂的水溶液和泡沫灭火。这类灭火器最便宜，但只适用于第一类起火情况，对有油、有电环境下的起火均不适用，目前，在大型飞机上已经不再使用，在小型飞机的客舱中有时还在使用。

3. 灭火系统

灭火系统是由飞机上的探测器和灭火装置组成的，灭火器上装有控制开关和热熔断器，控制开关由驾驶舱控制，热熔断器在温度超过一定限度后断开，然后灭火器自动打开，整个系统的控制板在驾驶舱，出现火情时会发出声音和灯光警告。除此之外，客舱内还备有手提式灭火器，设置在厨房、厕所及其他固定位置，由乘务人员管理，以应付突发的意外失火。

4. 防火工作规则

在防火工作中，灭火是偶发情况下的应急措施，更重要的是在日常工作中应严格执行防火的工作规则。此外，在检修工作中应对油箱外的油迹、液压油的渗漏、氧气系统进行仔细的检查和处理。灭火器和报警系统要定期检查或更换，乘务人员要熟悉手提灭火器的使用，并应在客舱出现火情时知道如何安置乘客和处理险情，只有这样才能防患于未然或把火情控制在萌芽状态，防止造成重大事故。

第 4 章 今 日 航 空

4.1 国际航空组织

　　航空运输始于 1871 年的普法战争，法国人用气球把政府官员和物资、邮件等运出被普军围困的巴黎。1918 年飞机运输首次出现，航线为纽约—华盛顿—芝加哥。第二次世界大战大大推动了航空器技术的发展，在世界范围内逐渐建立了航线网，以各国主要城市为起讫点的世界航线网遍及各大洲，但随之也引起了一系列政治上和技术上的问题，急需国际社会协商解决，因此，在 1944 年美国政府邀请了 52 个国家参加在芝加哥召开的国际会议，签订了《国际民用航空公约》（通称《芝加哥公约》），并按照公约规定成立了临时国际民用航空组织。1947 年《芝加哥公约》正式生效，国际民用航空组织（International Civil Aviation Organization，ICAO）随之正式成立。

　　目前，国际上的航空组织有国际民用航空组织（ICAO）、国际航空运输协会（IATA）、国际航空电信协会（SITA）和国际货运代理协会联合会（FIATA）。

4.1.1　国际民用航空组织

图4.1　ICAO 标识

　　国际民用航空组织（International Civil Aviation Organization，ICAO）是联合国的一个专门机构，总部设在加拿大蒙特利尔，如图 4.1 所示是 ICAO 标识。该组织是民航领域开展合作的媒介，其宗旨是按照《芝加哥公约》的授权，发展国际民用航空的原则和技术，制定国际空运的标准和条例，确保全世界民用航空安全、正常、有效和有序地发展。

4.1.2　国际航空运输协会

　　国际航空运输协会（International Air Transport Association，IATA）的前身是 1919 年在海牙成立，并在二战时解体的国际航空业务协会。如图 4.2 所示是 IATA 标识。1944 年，出席芝加哥国际民航会议的一些政府代表和顾问及空运企业的代表商定成立一个委员会并为新的组织起草章程，在哈瓦那会议上修改并通过了草案章程后，国际航空运输协会成立。总部设在加拿大蒙特利尔，执行机构设在瑞士日内瓦。同监管航空安全和航行规则的国际民用航空组织相比，它更像一个由航空公司组成的国际协调组织，主要负责统一国际航空运输规则、协调国际航空客货运价和空运企业间的财务结算等。

图4.2　IATA 标识

4.1.3　国际航空电信协会

国际航空电信协会（Society International De Telecommunicatioan Aero-nautiques，SITA）是联合国民航组织认可的一个非营利性的组织，是世界领先航空运输业的电信和信息技术解决方案的集成供应商，1949 年由荷兰、法国、英国等 11 家欧洲航空公司代表在布鲁塞尔组建，其会员航空公司的通信设备相互连接并共同使用。最新资料显示 SITA 拥有 650 家航空公司会员，随着会员的不断增加和

图4.3　SITA 标识

航空运输业务对通信需求的增长，SITA 已成为一个国际化的航空电信机构，经营着世界上最大的专用电信网络，带动着全球航空业信息技术的发展。如图4.3所示是 SITA 标识。SITA 不仅可为航空公司提供网络通信服务，还可为其提供机场、行李查询、货运、国际票价共享系统等。当前 SITA 拥有两个数据处理中心，一个是设在美国亚特兰大的旅客信息处理中心，主要提供自动订座、离港控制、行李查询、旅客订座等服务；另一个是设在伦敦的数据处理中心，主要提供货运、飞行计划处理和行政事务处理业务。

中国民用航空局于1980年加入 SITA，实现了国内各个航空公司、机场航空运输部门与外国航空公司和SITA亚特兰大自动订座系统的连通，实现了大部分城市订座的自动化，还部分使用了SITA伦敦飞行计划自动处理系统，在商定的航线中采用自动处理的飞行计划。

4.1.4　国际货运代理协会联合会

国际货运代理协会联合会（International Federation of Freight Forwarders Associations，法文缩写为 FIATA）是一个国际货运代理的行业组织，目前是世界运输领域最大的非政府和非营利性的组织，具有广泛的国际影响。于 1926 年在奥地利维也纳成立，现总部设于瑞士苏黎世。如图4.4所示是 FIATA 标识。FIATA 的工作目标是团结全世界的货运代理行业；以顾问或专家身份参与国际性组织，处理运输业务，代表、促进和保护运输业的利益；通过发布信息、分发出版物等方式，使贸易界、工业界和公众熟悉的货运代理人提供服务；提高制定和推广统一货运代理单据、标准交易的条件，改进和提高货运代理的服务质量，协助货运代理人进行职业培训，处理责任保险问题，提供电子商务工具。

图4.4　FIATA 标识

中国国际货运代理协会（简称CIFA）是我国国际货运代理行业的全国性中介组织，于2000年在北京成立，是FIATA的会员国家。在中国国际货运代理协会成立之前，中国对外贸易运输总公司曾于1985年以一般会员的身份加入FIATA。

国际航空组织是各国政府机构和全球航空公司之间沟通的平台，促进了国际民用航空运输业的协调统一和规划发展，其重要性不言而喻。

4.2 航 空 权

航空运输只要超出了本国国界，就涉及其他国家的主权，因此在全球行业范围内需要对国际航空运输进行统一的规定，航空权是这个统一规定的一部分。航空权是世界航空业通过国际民航组织制定的国家性质的航空运输权利，是国际航空运输中的过境权利和运输业务权利，也称国际航空运输业务权或空中自由权。航空权起源于1944年的"芝加哥会议"，其法律依据是《国际航班过境协定》（通称《两大自由协定》）和《国际航空运输协定》（通称《五大自由协定》）。航空权共包括9项，分别是领空飞越权、技术经停权、目的地下客权、目的地上客权、中间点权或延远权、桥梁权、完全第三国运输权、连续的国内运输权和非连续的国内运输权。

4.2.1 领空飞越权

飞出国界面临的第一个问题就是要飞入或飞越其他国家的领空，是否被允许就形成了一种权利。在不着陆的情况下，本航机可以在协议国领空上飞过，前往其他国家目的地的权利称为领空飞越权。如图4.5所示是领空飞越权示意图。例如，北京—华盛顿航班，中途飞越俄罗斯和加拿大领空，那就要与俄罗斯和加拿大签订领空飞越权，否则只能绕道飞行，这将增加燃料的消耗和飞行时间。

4.2.2 技术经停权

航空公司飞远程航线，由于距离太远无法从始发地直接飞到目的地，需要选择一个地方进行中途加油或清洁客舱等技术工作，在这个地方起降的权利叫作技术经停权。如图4.6所示是技术经停权示意图。拥有技术经停权，本国航机就可以因添加燃料、飞机故障或气象原因备降等技术需要在协议国降落、经停，但仅允许用于做非商业的技术处理，不得做上下客、货、邮等任何业务性工作。例如，成都飞纽约的航班，需在日本进行技术经停，此时就需要和日本签订技术经停权。

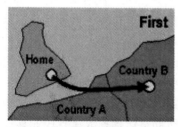

图4.5 领空飞越权示意图

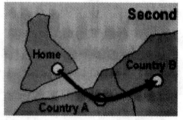

图4.6 技术经停权示意图

4.2.3 目的地下客权

本国航机的目的地在他国，在目的地卸下客、货、邮的权利称为目的地下客权。如图4.7所示是目的地下客权示意图。例如，我国与日本签订目的地下客权，那么中国民航飞机承运的客、货可在东京进港，但只能空机返回。

4.2.4 目的地上客权

本国航机的目的地在他国，在目的地载运客、货、邮返回的权利称为目的地上客权。如图4.8所示是目的地上客权示意图。例如，我国与日本签订目的地上客权后，中国民航的飞机就能载运客、货、邮搭乘原机返回。

目的地下客权和目的地上客权是一对孪生兄弟。航空公司的国际航线飞行就是国际客、货物运输，即将本国的客、货运到其他国家或将其他国家的客、货运到本国，目的地下客权和目的地上客权是最基本的商业活动权利。

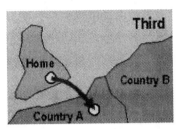
图4.7　目的地下客权示意图

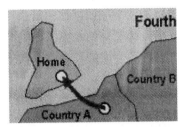
图4.8　目的地上客权示意图

4.2.5　中间点权和延远权

承运人从本国运输客、货到他国，中途经过始发地国家和目的地国家以外的第三国时，被允许将途经第三国载运的客、货卸到目的地国家的权利称为中间点权。承运人将从自己国家始发的客、货运到目的地国家，被允许从目的地国家上客、货，并同时被允许运到另一个国家的权利称为延远权。如图4.9所示是中间点权和延远权示意图。例如，如果新加坡航空分别获得中国中间点权和美国延远权，那么执行新加坡—厦门—芝加哥航线时，航机就可以将新加坡的客、货运往芝加哥，并在厦门经停，上下客、货。由此可以看出只有同时获得中间点权和延远权时，承运人才可以完整地使用中间点权或延远权。中间点权和延远权是针对两个国家的双边协定而言的，即在两个国家的协定中允许对方行使有关第三国运输的权利，如果在没有第三国同意的情况下，这个权力等于没有。因此我国航空公司在用这个权力的时候，必然要同时考虑中国与这个"第三国"有没有相应的权利。

4.2.6　桥梁权

某国或地区的航空公司在境外两国或地区之间载运客、货，且途中经其登记国或地区的权利称为桥梁权，桥梁权的本质上是目的地下客权和目的地上客权的结合。如图4.10所示是桥梁权示意图。例如，伦敦—北京—首尔航线，中国国航将源自英国的乘客运经北京后再运到韩国。

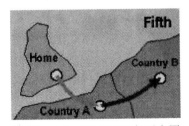
图4.9　中间点权和延远权示意图

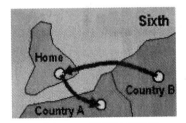
图4.10　桥梁权示意图

4.2.7 完全第三国运输权

某国或地区的航空公司完全在其本国或地区领域以外的两国或地区之间经营独立航线载运客、货的权利称为完全第三国运输权。如图4.11所示是完全第三国运输权示意图。例如，伦敦—巴黎航线由德国汉莎航空公司承运。

4.2.8 连续的国内运输权

本国的一条航线在他国延长，本国航机在他国或地区领域内的两地间载运客、货的权利称为连续的国内运输权。如图4.12所示是连续的国内运输权示意图。例如，自东京飞至北京的日本航机执行北京—成都航线。

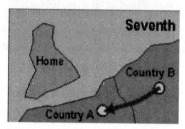 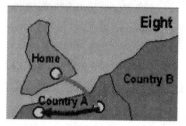

图4.11 完全第三国运输权示意图　　　图4.12 连续的国内运输权示意图

4.2.9 非连续的国内运输权

本国航机可以到协议国运营国内航线的权利称为非连续的国内运输权。如图4.13所示是非连续的国内运输权示意图。连续的国内运输权和非连续的国内运输权的区别是：两者虽然都是在另外一个国家载运客、货，但连续的国内运输权是自己国家航线在别国的延长，非连续的国内运输权完全可以在另外一个国家开设航线。

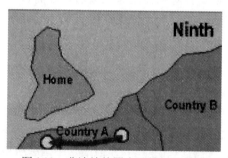

图4.13 非连续的国内运输权示意图

4.3 中国民用航空运输业的发展历程

中国民用航空运输业的发展，至今已有百年历史。在1919—1949年这30年间，民用航空运输业的发展十分缓慢。据有关材料记载，直到1949年，中国定期航班运输年周转量仍不足1亿吨公里。1949年，中国民用航空局成立，开启了我国民用航空运输业的新篇章，特别是近20多年来，我国民用航空运输业在航空运输、通用航空、机群更新、机场建设、航线布局、航行保障、飞行安全、人才培训等方面都在持续快速高质量的发展，取得了举世瞩目的成就。我国民用航空运输业不断革新完善的制度体制是取得这些成就的根本原因。

自1949年以来，中国民用航空运输业主要经历了 4 个时期，分别是1949—1978年的初创时期、1978—1987年的稳步发展时期、1987—2002年的重组扩张时期和2002年至今的迅猛发展时期。

4.3.1　初创时期

1949 年 11 月 2 日，中国民用航空局（简称民航局）的设立标志着新中国民用航空运输业发展的起点。1958 年，中国民用航空局划归交通部领导，同年改为交通部的部属局。1962 年，将其改为国务院直属局，但其业务工作、党政工作、干部人事工作等均归中国人民解放军空军负责管理。

4.3.2　稳步发展时期

1978 年，民用航空运输业走上企业化道路。1980 年明确除航行管制仍按《中华人民共和国飞行基本规则》执行外，其他工作均向国务院请示报告，从此民用航空运输业实行企业化管理。在这一时期民航局分别在北京、上海、广州、成都、兰州、沈阳6地设置地区管理局，直接负责经营航空运输和通用航空业务。但此时的民航局仍具有政企合一的特征，即既是政府部门，又是全国性企业。

4.3.3　重组扩张时期

1984 年，国家明确提出要增强企业的活力，民航局首先在西南地区进行改革。1987 年 10 月 15 日，中国民用航空西南地区管理局、中国西南航空公司、成都双流国际机场宣布成立。当年 12 月，在华东地区进行了改革。1988—1990 年，相继完成了华北地区、西北地区和东北地区的改革。1991 年和 1992 年分步实施了中南地区民用航空运输业的改革。至此，民用航空运输业的新型管理体制架构基本形成，并以原来的6个地区管理局为基础组建了华北、华东、中南、西南、西北和东北6大地区管理局，成立了中国国际航空股份有限公司、中国东方航空股份有限公司、中国南方航空股份有限公司、中国西南航空公司、中国西北航空公司、中国北方航空公司6个航空公司。

企业经营自主权的扩大增强了内生动力和市场压力，促进了民用航空运输业的发展，提高了经济效益。民航局与福建省、新疆维吾尔自治区、云南省等联合成立了航空公司，海南航空股份有限公司、深圳航空有限责任公司等航空公司均在这一阶段成立。改革迸发新动能，这些企业的兴办，增加了新生力量，强化了市场竞争，促进了行业发展，在这个时期，民用航空运输业呈现出了蓬勃发展的新局面。

4.3.4　迅猛发展时期

2002 年，在北京召开了民用航空运输业企业的改革重组大会，宣布成立三大航空集团和三大服务保障集团。重组后移交国务院国有资产监督管理委员会管理。三大航空集团是对原民航局直属的9家航空企业的整合。三大服务保障集团即中国民航信息集团公司、中国航空油料集团有限公司、中国航空器材进出口集团公司。

此次改革将各地区管理局所在地以外省、区、市民航单位机场业务和行政管理职能分离，组建了机场管理机构和26个航空安全监管办公室。除北京首都机场集团公司和西藏机场外，机场统一移交地方管理。安全监管办公室后来有所增加，现已改名为安全监督管理局。

4.4 中国民用航空的法律和管理体系

民用航空运输具有跨国性的特点，因此民用航空的法律包括国际法和国内法两部分。国际法是通过国际民用航空组织，由各国相互协商制定的，而国内法是由国内立法机关制定的。

中国民用航空的法规体系采用三级安全管理模式，分别包括法律、法规和规章 3 部分，以及指导具体操作程序的规范性文件。第一级是由全国人民代表大会常务委员会通过的《中华人民共和国民用航空法》，属于国家法律，在民用航空法律体系中处于核心地位，是制定民用航空法规、规章的依据。第二级是由国务院通过的民用航空行政法规，如《中华人民共和国民用航空器适航管理条例》等。第三级是中华人民共和国交通运输部根据法律和国务院的行政、决定、命令，在本部门权限范围内制定的规范性文件，即民用航空规章。除此之外，民航局机关各职能部门为落实法律、法规、规章和政策的有关规定，在其职能范围内制定，经民航局局长授权，由职能部门主任、司长、局长签署下发的有关民用航空管理方面的文件，称为规范性文件，用以指导开展适航工作等。主要有咨询通告（AC）、管理程序（AP）、管理文件（MD）、工作手册（WM）和信息通告（IB）。其中，AC 是面向社会大众发布的，对如何落实规章提出指导的文件，在符合性层面上，具备与民用航空规章同等的法律效力。

自新中国成立以来，民用航空经历了军政分管改革、政企分开改革和省、区、市民航单位改革，最终形成了三级管理体系，采取内设外管的组织模式。民航局属内部机构属于行政决策层，截至 2020 年，设有 10 个司、公安局、空管行业管理办公室和航空安全办公室；民航局下设 7 个地区管理局、39 个安全监督管理局，负责执法监督。民航局和各地区管理局、监督管理部门按照各自分工，对航空器产品的设计和制造厂家、航空器运营企业、航空维修单位、航空器从业人员进行管理。不同的地区管理局和监督管理部门之间，也会根据已经确定的管理分工范围，对所在辖区内的航空器的维修活动进行审查、监督和指导。

中国民用航空的法律和管理体系是民用航空管理部门行使规范管理职能，实施航空安全管理、空中交通管制和组织协调重大紧急航空运输任务的保障，是中国民用航空安全、稳健、迅猛发展的根本。

4.5 民用飞机制造商

4.5.1 波音公司

波音公司（The Boeing Company）于 1916 年由威廉·爱德华·波音（见图 4.14）创立，创立之初名为太平洋航空制品公司，随后改名为波音公司。1926 年，波音公司成立联合航空公司，并成为当时 4 家航空公司的管理公司。1929 年，波音公司、普惠公司和其他公司合并，

图 4.14 威廉·爱德华·波音

更名为联合飞机及空运公司。1934年，因美国政府实施反垄断法，反对航空公司和飞机设备制造商联合形成行业垄断，所以将公司拆分为联合飞机公司、波音飞机公司和联合航空公司，就是今天的美国联合技术公司、波音公司和美国联合航空公司。

　　波音公司建立初期以生产军用飞机为主，如非常著名的空中堡垒B-17（见图4.15）、超级空中堡垒B-29、同温层堡垒B-47和B-52轰炸机（见图4.16），除此之外，美国空军中比较出名的KC-135空中加油机及E-3预警机也是波音公司生产的。

图4.15　空中堡垒B-17　　　　　　　　　　图4.16　B-52轰炸机

　　波音公司同时涉足民用运输机，波音B307是第一种带增压客舱的民用客机。20世纪60年代以后，波音公司的主要业务由军用飞机转向商用飞机，例如，在KC-135空中加油机的基础上成功研制了首架喷气式民用客机波音B707，并获得上千架订单。从此波音系列的飞机便在喷气式商用飞机领域一发不可收拾，先后发展了波音B717、波音B727、波音B737、波音B747、波音B757、波音B767、波音B777、波音B787一系列型号，逐步成为世界上最大的民用飞机和军用飞机的制造商之一。其中，波音B737是在全世界被广泛使用的中短程窄体民航客机（见图4.17），波音B747一经问世就长期占据了世界最大的远程宽体民航客机的头把交椅。

图4.17　波音 B737

4.5.2　麦克唐纳-道格拉斯公司

　　1921 年，唐纳德·维尔斯·道格拉斯创建了道格拉斯飞行器公司，建立之初的主要业务是为美国海军制造鱼雷轰炸机。其后，道格拉斯飞行器公司通过波音公司的许可，制造了B-17轰炸机和B-47轰炸机。第一次环球飞行的飞机和被认为是飞行史上最重要的运输机DC-3就是道格拉斯飞行器公司制造的飞机。但是，1967年道格拉斯飞行器公司由于过分扩展DC-8和DC-9（见图4.18）等机型的生产，加之产品质量和资金链发生了问题，最终被迫同詹姆斯·史密斯·麦克唐纳于1939年所创建的麦克唐纳飞行器公司合并，改名为麦克唐纳–道格拉斯公司（McDonnell-Douglas Corporation），简称麦道公司。1997年，波音公司宣布与麦道公司合并，组成新的波音公司。

麦道公司的主要机型有DC-10、MD-11、MD-80、MD-90和MD-95等，DC-10是三发动机中远程宽机身客机，其航程与波音B747类似，既可以执飞横跨美国本土的航线，又可以执飞越洋国际航线。MD-11源自DC-10，其机身、翼展皆比DC-10长，机翼加装了小翼，翼切面的设计也有所改进，提供了新引擎供买家选择，使用了更多的复合材料，驾驶舱采用了数字化设备。MD-80是在DC-9-50基础上发展的双发中短程客机，加长了机身和翼展，采用了更大推力的发动机和先进的辅助动力装置。MD-80、波音B737及空客A320都是20世纪90年代最畅销的中短程客机。MD-90（见图4.19）和MD-95是MD-80的后继机型，麦道公司与波音公司合并后，MD-95改名为波音B717。

图4.18　DC-9

图4.19　MD-90

4.5.3　空中客车公司

20世纪60年代，欧洲飞机制造商之间的竞争和美国一样激烈。1967年，由欧洲联盟的法国、德国、英国和西班牙4国的宇航公司共同组建了空中客车公司（Airbus），其全部股份由欧洲宇航防务集团公司持有，创建空中客车公司的初衷是为了同波音公司和麦道公司那样的美国公司竞争。

空中客车公司成立之初，民用飞机市场是波音公司的天下，当时的波音公司已拥有从100～400座次的一系列飞机。空中客车公司首先针对波音公司220～270座次飞机的空档，推出A300机型并获得市场认可。此时，实力雄厚的波音公司随即推出波音B757和波音B767与其竞争，空中客车公司又将目光转向150座次飞机的空档，推出A320系列飞机。空中客车公司的这种思路一直延续至今，包括推出的300多座的A330、A340系列飞机和世界上最大的飞机A380（见图4.20）。空中客车公司瞄准空白点的思路还体现在对机型的设计上，小到座椅的尺寸，空中客车公司都要经过深入的市场分析，并与竞争对手进行比较。目前，空中客车公司的飞机型号主要有A310、A320、A330、A340、A350和A380。2003年，空中客车公司飞机的交付状况首次超过对手波音公司，如果再考察储备订单，空中客车公司更是较对手多出400多架。经过30多年的发展，空中客车公司已经从飞机制造业的挑战者成长为行业的领导者，如今空中客车公司和波音公司在商用飞机领域已是分庭抗礼。

图 4.20　空客 A380

4.5.4　庞巴迪公司

庞巴迪公司（Bombardier Inc.）于 1942 年成立，是全球第三大民用飞机制造商，主要机型是 40～90 座次的 CRJ 系列飞机和 110～130 座次的 C 系列飞机。伴随着庞巴迪公司向启动用户瑞士航空交付首架 CRJ190 飞机（见图 4.21），庞巴迪公司成为空中客车公司和波音公司的直接竞争对手，随后 C 系列飞机开始挑战窄体客机对天空的垄断，但也因此陷入财务困境。2018 年，空中客车公司宣布收购庞巴迪旗下 C 系列飞机项目 50.01% 的股权。2019 年，三菱飞机公司收购其 CRJ 系列飞机项目，随着 CRJ 系列飞机项目的出售，庞巴迪公司完全退出了商用飞机业务。

图 4.21　CRJ190

4.5.5　巴西航空工业公司

巴西航空工业公司（Embraer S.A.）于 1969 年成立，主要机型是 120 座次以下的商用喷气飞机 E170 系列和 E190 系列（见图 4.22），巴西航空工业公司占有世界支线飞机约45%的市场份额，既是世界支线喷气客机的最大生产商，又是世界四大民用飞机制造商。2018年，波音公司收购了巴西航空工业公司全部民用飞机业务80%的股份。

图4.22　E190

4.5.6　中国商用飞机有限责任公司

中国商用飞机有限责任公司（Commercial Aircraft Corporation of China Ltd），2008年在中国上海成立，是中国实施国家大型飞机重大专项中大型客机项目的主体，也是统筹干线飞机和支线飞机发展、实现我国民用飞机产业化的主要载体，主要机型有ARJ-21、C919、CR929。ARJ-21是70～90座次的中、短航程新型涡扇支线飞机，是中国首架拥有自主知识产权的涡扇支线飞机，截至2020年，ARJ-21已交付超过20架。C919是国产中短程干线客机，其基本型的布局为168座次，增大航程为5555公里，与空客A320、波音B737是同级别飞机。2022年7月24日，6架C919试飞飞机已圆满完成全部试飞任务，C919的适航取证工作正式进入收官阶段。此外，即将交付给首家用户东航的首架C919也于5月在上海浦东机场首飞成功，预计下半年将进行交付。C929是采用先进气动设计、大量应用复合材料、装配新一代大涵道比涡扇发动机的远程宽体客机（见图4.23），其比同类机型具有更低的直接运营成本，目前已启动研制。

图4.23　C929

4.6　民用航空发动机制造商

在全球民用航空发动机领域，根据规模和市场占有率，航空发动机的整机制造商可以分为两个梯队。第一梯队分别是美国的通用电气公司、美国的普拉特·惠特尼集团公司、英国的罗尔斯-罗伊斯公司。第二梯队分别是法国的 SNECMA 公司、德国的 MTU 公司、美国的霍尼韦尔公司、日本的日本航空发动机公司等。除此之外，还有几大航空发动机巨头合纵连横的合资公司，分别是 CFM 国际公司、国际航空发动机公司和发动机联盟。

4.6.1　通用电气公司

1878 年，托马斯·爱迪生创立了爱迪生电灯公司。1892 年，由约翰·皮尔庞特·摩根出资把爱迪生电灯公司和汤姆森-休斯顿电气公司合并成立了通用电气公司（General Electric Company，GE）。目前 GE 发动机的型号主要有 CF6、GE90、GEnx。

CF6 系列发动机是高涵道比大推力涡轮风扇发动机，从最初的 40000 磅推力的 CF6-6 不断发展，稳步推进到 72000 磅推力的 CF6-80E，CF6 系列发动机奠定了 GE 在航空发动机领域的地位，早期大型宽体客机几乎都选用 CF6 系列。

GE 公司在 CF6 系列发动机的基础上为新一代宽体飞机研制了高可靠性、低油耗的 GE90 系列发动机。GE90 系列发动机是高涵道比超大推力涡扇发动机，拥有极大的进气口，3.43 米的直径比波音 B737 机身的直径更大，GE90-115B 这一型号的发动机在地面台架试验中曾经达到过 56.9 吨的推力，是吉尼斯世界纪录所记载的世界上推力最大的航空发动机，用于波音 777 系列客机。

GEnx 型号的发动机图示如图 4.24 所示，GEnx 型号的发动机是一款先进的双转子轴流式大涵道涡轮风扇发动机，作为 GE90 系列发动机的衍生品，其在减轻重量方面做了许多革新，在减少燃油消耗方面采用了更先进的技术，更能够降低维修成本和提高发动机的使用寿命，用于波音 787 和波音 747-8。

图 4.24　GEnx 型号的发动机图示

4.6.2　普拉特·惠特尼集团公司

普拉特·惠特尼集团公司（Pratt & Whitney Group，PW）创建于1925年，是美国联合技术公司（United Technologies Corporation，UTC）的一个分支，是集飞机发动机、燃气涡轮和航天推进系统的设计、制造和支援为一体的制造商。目前PW公司发动机的型号主要有JT8D、JT9D、PW2000、PW4000、PW4500、PW6000。

JT8D系列发动机的推力范围是14000～17400磅，满足中、短程航机的飞行要求，能应付次数频繁的起飞与降落动作，当时的主流客机波音B727、第一代波音B737（original）、DC-9均使用JT8D系列的涡喷发动机。JT9D是PW公司为新一代大型宽体客机研制的全新的发动机，是首个应用于宽体客机的高涵道比的涡扇发动机，推力范围是48000～56000磅，是空客A300、空客A310、波音B767、波音B747、道格拉斯DC10使用的发动机。

PW2000系列发动机强调低运营成本、高效率和稳定持久性，推力范围是37250～43000磅，首次采用全权限数字式系统控制方式，是波音B757飞机使用的发动机。PW4000系列发动机共有94、100和112 3种型号，数字代表风扇尺寸，推力范围依次增大，是为大型客机设计的高推力系列。PW4000-94是波音B747-400、波音B767-200/300、空客A300-600、空客A310-300等客机使用的发动机。PW4000-100专门为空客A330双发宽体飞机设计。PW4000-112是为波音B777双发动机飞机研制的新型号发动机。PW4500是为空客A340-500研制的发动机，采用PW4000-94的风扇与低压压缩段、PW4000-100的燃烧室与低压涡轮和PW4000-112的高压压缩段与涡轮。PW6000型号的发动机图示如图4.25所示，其是为配合短程且起降频繁的中小型飞机，以及满足高可靠性、低噪声要求而设计的，用于空客A318。

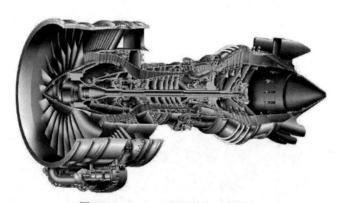

图4.25　PW6000型号的发动机图示

4.6.3　罗尔斯-罗伊斯公司

罗尔斯-罗伊斯公司（Rolls-Royce Plc，RR）由查尔斯·罗尔斯和亨利·罗伊斯于1906年创立。公司主要从事汽车设计、生产和销售业务，也从事发动机的制造。第二次世界大战结束后，生产航空发动机成为公司的主业之一。1971年，由于开发新型航空发动机亏损，因此破产，后在英国政府干预下进行改组，将公司一分为二，分为汽车和航空发动机两家公司。此后，罗尔斯-罗伊斯航空发动机公司恢复生机，而劳斯莱斯汽车公司则被德国宝马公司兼并。RR公司发动机的主要型号有RB211系列和Trent系列。

RB211 系列的发动机图示如图 4.26 所示，RB211 系列的发动机是独特的三转子涡扇发动机，与同级别发动机相比，其具备更少的级数和更少的组成零件，具有系统简单、可靠性较高、维护性好的优点。其中，RB211-524 发动机可为总重量大的飞机提供推力，是波音 B747 系列、波音 B767-300 使用的发动机。RB211-535 发动机仍维持宽弦风扇的设计，等比例缩小 RB211-524 的风扇，减少两个叶片，并配备非可变式静子叶片的高压压缩段，是波音 B757 系列使用的发动机。

　　Trent 系列是 RR 公司针对波音空客大型双发动机宽体客机研发的发动机。遄达 500 是空客 A340-500/600 客机唯一可装的发动机；遄达 700 是空客 A330 系列客机使用的发动机；遄达 900 是空客 A380 系列飞机使用的发动机；遄达 800 在遄达 700 的基础上进行改进，是波音 B777 系列飞机使用的发动机；遄达 1000 是波音 B787 系列飞机使用的发动机。

图 4.26　RB211 系列的发动机图示

4.6.4　CFM 国际公司

　　CFM 国际公司由法国赛峰集团旗下的 SNECMA 公司和美国的 GE 公司各持半股，于 1974 年联合组成的合资公司，目前 CFM 国际公司的发动机型号主要有 CFM56（见图 4.27）和 LEAP。

图 4.27　CFM56 型号的发动机图示

　　CFM56-3 系列是 CFM56 的第一种衍生型号，专门为第二代波音 B737（B737CL）设计；CFM56-5 系列是空中客车 A320 系列飞机使用的发动机；CFM56-7 系列在 CFM56-3 系列的基础上，采用了宽弦风扇和双环腔燃烧室，在发动机可靠性不变的前提下减小了噪声、减少了污染、降低了维修成本，是第三代波音 B737（B737NG）唯一可装的发动机。LEAP共有3种型号，LEAP-1A和LEAP-1B分别为空客 A320neo 和波音 B737MAX 提供动力，LEAP-1C已被选为COMA C919飞机的动力装置之一。

4.6.5 国际航空发动机公司

国际航空发动机公司（International Aero Engines，IAE）成立于1983年12月14日，由美国普拉特·惠特尼集团公司、英国罗尔斯-罗伊斯公司、日本航空发动机公司和德国航空发动机公司合资设立，最著名的产品就是V2500系列的发动机，如图4.28所示。

图4.28　V2500 系列的发动机

V2500系列的发动机主要采用PW2000和RB211技术，由PW公司生产燃烧室和高压涡轮，由RR公司生产高压压气机，由日本航空发动机公司生产风扇和低压压气机，由德国航空发动机公司生产低压涡轮。目前是空中客车公司A319、A320、A321系列飞机使用的发动机。

4.6.6 发动机联盟

发动机联盟（Engine Alliance，EA）成立于1996年8月，是GE和PW两大航空发动机制造商投资建立的公司，其主要生产的发动机的型号是GP7000系列，如图4.29所示。

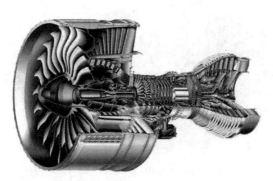

图4.29　GP7000 系列的发动机

GP7000系列结合了CF6系列和PW4000系列发动机的成功经验，其发动机的机械部件由GE公司的核心机和PW公司的低压部分与齿轮箱组成，发动机的推力范围是70000～85000磅，是新一代宽体远程客机A380使用的发动机。

136

4.7　国际航空公司

全球航空公司的数量众多，本书依据国际航空公司机队规模和服务品质两个方向的排名，简要地介绍一些国际著名的航空公司。

2020 年是国际航空运输走过的第一个百年，中国民航数据分析系统的（CADAS）统计数据表明：近 10 年，大型航空公司的规模仍在进一步扩大，美国四大航空公司仍然占据榜首位置；欧洲传统的航空公司，如英国航空、法国航空、德国汉莎航空的机队规模基本维持了原有水平或略有增长，低成本的英国瑞安航空和英国易捷航空公司的机队规模则翻了一番；中国航空公司的发展迅猛，海南航空作为中国最大的民营航空公司也跻身进入了全球前 20；中东地区的航空公司也逐渐崭露头角，土耳其航空、阿联酋航空和卡塔尔航空以高端的客舱服务和优秀的航线网络迅速占领了部分国际市场。如图 4.30 所示是全球航空公司机队规模排名前 20（截至 2019 年）。

排序	航空公司名称	排序	航空公司名称
1	美国航空	11	德国汉莎航空
2	美国达美航空	12	土耳其航空
3	美国联合航空	13	英国航空
4	美国西南航空	14	阿联酋航空
5	中国南方航空	15	美国UPS
6	中国东方航空	16	美国阿拉斯加航空
7	中国国际航空	17	海南航空
8	英国瑞安航空	18	法国航空
9	美国FedEx	19	全日空航空
10	英国易捷航空	20	卡塔尔航空

图4.30　全球航空公司机队规模排名前 20

Skytrax 是航空业内权威的评估机构，是全球航空公司与机场服务领先的调研机构。Skytrax 每年会对世界范围内的 450 多家航空公司的机场及机舱内的各项服务品质进行全方面的审核评定，评定结果分为"一星"至"五星"5 个等级，"五星"为最高等级。Skytrax 用 600 条评价项目进行多角度的评价，为了得出最公正的结果，Skytrax 的评价人员也会以客人的身份去乘坐航空公司的航班，根据亲身体验进行评价。2020 年的 Skytrax 五星级航空公司名单如图 4.31 所示。

排序	航空公司名称
1	卡塔尔航空
2	新加坡航空
3	全日空航空
4	国泰航空
5	阿联酋航空
6	长荣航空
7	海南航空
8	澳洲航空
9	德国汉莎航空
10	泰国国际航空

图4.31　2020年的Skytrax五星级航空公司名单

4.7.1　美国航空

美国航空（American Airlines）由原美国航空和全美航空合并而成，是美国航空母公司 AMR 和全美航空集团联手打造的全球最大的航空公司，2015 年正式运营。如图4.32 所示是美国航空的飞机。

图4.32　美国航空的飞机

4.7.2　达美航空公司

达美航空公司（Delta Air Lines，Inc.）是 1924 年成立的一家农作物喷洒农药服务公司，随后增加了客运服务。如图4.33 所示是达美航空公司的飞机。

图4.33　达美航空公司的飞机

4.7.3　美国联合航空公司

美国联合航空公司（United Airlines）成立于 1926 年，当时是作为波音航空运输公司、太平洋航空运输公司、国家航空运输公司和瓦尼航空公司的管理公司，主要负责美国区域的邮件交付。1994 年，公司 55%的股份被员工购买，成为世界上由员工持有大多数股份的航空公司。如图4.34 所示是美国联合航空公司的飞机。

图4.34　美国联合航空公司的飞机

4.7.4　美国西南航空公司

美国西南航空公司（Southwest Airlines）成立于1971年，在美国国内它的通航城市最多，以廉价航空而闻名，是廉价航空经营模式的鼻祖。如图4.35所示是美国西南航空公司的飞机。

图4.35　美国西南航空公司的飞机

4.7.5　联邦快递

联邦快递（FedEx）创立于1971年，总部设在美国的田纳西州孟菲斯，是一家国际性的速递集团，设有环球航空及陆运网络，通常只需一至两个工作日就能迅速运送时限紧迫的货件。如图4.36所示是联邦快递的飞机。

图4.36　联邦快递的飞机

4.7.6　瑞安航空公司

瑞安航空公司（Ryanair）创立于1985年，总部设在爱尔兰。瑞安航空公司学习了美国西南航空公司的经验，将廉价航空的运营模式首次引入欧洲，成为欧洲廉价航空市场的领导者，目前是欧洲最大的廉价航空公司，被誉为世界上最能赚钱的航空公司。如图4.37所示是瑞安航空公司的飞机。

图4.37　瑞安航空公司的飞机

4.7.7 英国易捷航空公司

英国易捷航空公司（EasyJet Airline Company Limited）创立于1995年，总部设在英国卢顿。英国易捷航空公司是一家没有售票代理，采取直接销售，不提供餐食和饮料的廉价航空公司。如图4.38所示是英国易捷航空公司的飞机。

图4.38　英国易捷航空公司的飞机

4.7.8 德国汉莎航空股份公司

德国汉莎航空股份公司，简称汉莎航空或德航，成立于1953年，总部设在德国科隆，是德国的国家航空公司，也是欧洲最大的航空公司。其核心业务是经营定期的国内及国际客运和货运航班，以及向客户提供一系列的整体服务方案。如图4.39所示是德国汉莎航空股份公司的飞机。

图4.39　德国汉莎航空股份公司的飞机

4.7.9 卡塔尔航空公司

卡塔尔航空公司（Qatar Airways Company）成立于1993年，最初由卡塔尔国的部分王室成员控股，当前由卡塔尔政府和个人投资者各持50%的股份。如图4.40所示是卡塔尔航空公司的飞机。

图4.40　卡塔尔航空公司的飞机

4.7.10　阿联酋航空公司

阿联酋航空公司（Emirates Airlines）的全称为阿拉伯联合酋长国航空公司，成立于1985年，总部设在迪拜，由迪拜酋长国政府拥有。阿联酋航空公司是世界上为数不多的拥有清一色大型飞机的航空公司，阿联酋航空公司订购的空客A380已达到140架。如图4.41所示是阿联酋航空公司的飞机。

图4.41　阿联酋航空公司的飞机

4.7.11　新加坡航空有限公司

新加坡航空有限公司成立于1947年，最初的名称是马来亚航空。1963年，马来亚、新加坡、沙巴和沙捞越组成了马来亚联合邦，马来亚航空更名为马来西亚航空。1972年，新加坡与马来西亚政府间的合作破裂，马来西亚航空一分为二，拆分为马来西亚航空公司和新加坡航空有限公司，新加坡航空有限公司保留了10架波音B707及国际航线。经过多年的发展，如今新加坡航空有限公司拥有最年轻的机队，平均机龄为6.6年，同时被誉为全球最舒适和最安全的航空公司之一。如图4.42所示是新加坡航空有限公司的飞机。

图4.42　新加坡航空有限公司的飞机

4.7.12　全日空航空公司

全日空航空公司最初是由1952年成立的一家私营的日本直升机公司及另一家区域航空公司组成，简称全日空（ANA）。于1957年收购日本远东航空，2011年成立廉价航空香草航空。如图4.43所示是全日空航空公司的飞机。

图4.43　全日空航空公司的飞机

4.8　中国的航空公司

中国民用航空运输业第二轮政企分开改革，兴办了很多地方的航空企业，增加了一股新生力量；第三轮企业集团化改革，民航局将直管的10家航空公司整合成三大航空集团；时至今日，中国民用航空运输业蓬勃发展，航空公司百花齐放，各具特色。

4.8.1　中国南方航空集团有限公司

中国南方航空集团有限公司（南航）率先收购中原航空公司，后又并入中国北方航空公司及其下属长春市北亚航空发展有限公司和黑龙江天鹅航空集团的国内业务。此外，南航还先后增持了厦门航空有限公司及重庆航空有限公司的股票，并且成为了四川航空股份有限公司的股东之一。南航的主运营基地在广州白云国际机场，IATA代号为CZ，是中国运输飞机最多、航线网络最发达、年客运量最大的航空公司。南航年客运量居亚洲第一、世界第三；机队规模居亚洲第一、世界第四，是全球第一家同时运营空客A380和波音B787的航空公司。其航徽是蓝色垂直尾翼镶红色木棉花，木棉花是广州市市花，也寓意公司总部在广州。如图4.44所示是中国南方航空集团有限公司的飞机。

图4.44　中国南方航空集团有限公司的飞机

4.8.2　中国东方航空集团有限公司

中国东方航空集团有限公司以原东方航空集团公司为主体，兼并了中国西北航空公司，同时联合了中国云南航空公司。中国东方航空集团有限公司的主运营基地在上海浦东国际机场，IATA代号为MU，是第一家在香港、纽约和上海3地上市的航空公司，空客飞机数量位居全球第二、亚洲第一。其航徽为银燕，使用红、蓝、白 3 色。如图 4.45 所示是中国东方航空集团有限公司的飞机。

图 4.45　中国东方航空集团有限公司的飞机

4.8.3　中国国际航空股份有限公司

中国国际航空股份有限公司是中国航空集团公司控股的航空运输主业公司，与中国东方航空股份有限公司和中国南方航空股份有限公司合称中国三大航空公司。中国国际航空股份有限公司的主运营基地在北京首都国际机场，IATA 代号为 CA，是中国唯一载国旗飞行的民用航空公司。航徽为凤凰，同时又是英文字母 VIP 的艺术变形。如图 4.46 所示是中国国际航空股份有限公司的飞机。

图 4.46　中国国际航空股份有限公司的飞机

4.8.4　海南航空控股股份有限公司

海南航空控股股份有限公司（海南航空）的主运营基地在海口美兰国际机场，第二运营基地在北京首都国际机场，IATA 代号为 HU，是中国发展最快、最有活力的航空公司之一，连续 11 年蝉联 Skytrax 荣誉。航徽为头顶日月宝珠的金翅膀。如图 4.47 所示是海南航空控股股份有限公司的飞机。

图 4.47　海南航空控股股份有限公司的飞机

4.8.5　深圳航空有限责任公司

深圳航空有限责任公司的主运营基地在深圳宝安国际机场，IATA代号为ZH，由中国国际航空控股，航徽以战国时期的大篆体"朋"为设计原形，寓意深圳航空有限责任公司立志成为"民族之鹏"。如图4.48所示是深圳航空有限责任公司的飞机。

图4.48　深圳航空有限责任公司的飞机

4.8.6　四川航空股份有限公司

四川航空股份有限公司的主运营基地在成都双流国际机场，IATA代号为3U，是我国最大的全空客机队，航徽是一只海燕在大海上飞翔，寓意公司在逆境中发展壮大。如图4.49所示是四川航空股份有限公司的飞机。

图4.49　四川航空股份有限公司的飞机

4.8.7　厦门航空有限公司

厦门航空有限公司的主运营基地在厦门高崎国际机场，IATA代号为MF，由中国南方航空集团有限公司控股，是我国最大的全波音机队，航徽是蓝天白鹭，代表一路高飞。如图4.50所示是厦门航空有限公司的飞机。

图4.50　厦门航空有限公司的飞机

4.8.8　山东航空股份有限公司

山东航空股份有限公司的主运营基地在济南遥墙国际机场和青岛流亭国际机场，IATA 代号为 SC，由中国国际航空股份有限公司控股，是我国第二大全波音机队，航徽是 3 个 "S" 组成的飞燕，三个 "S" 分别代表山东、成功、安全。如图 4.51 所示是山东航空股份有限公司的飞机。

图 4.51　山东航空股份有限公司的飞机

4.8.9　春秋航空股份有限公司

春秋航空股份有限公司是我国首个由旅行社起家的民营资本独资经营的低成本航空公司，是当前国内成功的低成本航空公司之一。主运营基地在上海虹桥国际机场，IATA 代号为 9C，是我国第二大全空客机队。航徽是由三个 "S" 相互重叠、交叉组成的图形，三个 "S" 分别代表真诚和微笑、服务和太阳、大海和沙滩。如图 4.52 所示是春秋航空股份有限公司的飞机。

图 4.52　春秋航空股份有限公司的飞机

4.8.10　天津航空有限责任公司

天津航空有限责任公司的主运营基地在天津滨海国际机场，IATA 代号为 GS，由海航集团有限公司和天津市人民政府共同出资组建。航徽是精卫鸟，寓意精卫有志、轻舒羽翼、力展宏图。如图 4.53 所示是天津航空有限责任公司的飞机。

图4.53　天津航空有限责任公司的飞机

4.8.11　上海航空股份有限公司

上海航空股份有限公司的主运营基地在上海浦东国际机场，IATA代号为FM，是中国东方航空集团有限公司的全资子公司。航徽是翱翔的仙鹤，外形呈上海的"上"字样。如图4.54所示是上海航空股份有限公司的飞机。

图4.54　上海航空股份有限公司的飞机

4.8.12　上海吉祥航空股份有限公司

上海吉祥航空股份有限公司的主运营基地在上海浦东国际机场，IATA代号为HO，是由均瑶集团投资筹建的航空公司，航徽是以吉祥凤凰为图案的中国古代圆形玉佩。如图4.55所示是上海吉祥航空股份有限公司的飞机。

图4.55　上海吉祥航空股份有限公司的飞机

4.8.13　北京首都航空有限公司

北京首都航空有限公司的主运营基地在北京大兴国际机场，IATA代号为JD，由海航集团有限公司与北京首都旅游集团有限责任公司共同出资组建。航徽是中国传说中五大瑞兽之一"貔貅"的造型。如图4.56所示是北京首都航空有限公司的飞机。

图4.56 北京首都航空有限公司的飞机

4.8.14 成都航空有限公司

成都航空有限公司的主运营基地在成都双流国际机场,IATA代号为EU,由四川航空集团有限责任公司与中国商用飞机有限责任公司签署协议重组鹰联航空有限公司,并更名为成都航空有限公司,是国内运营ARJ-21机型数量最多的航空公司。航徽由代表成都市的太阳神鸟构成,外层的4只鸟代表四鸟负日,也代表春夏秋冬四季轮回;内层的12道芒纹代表一年12个月。如图4.57所示是成都航空有限公司的飞机。

图4.57 成都航空有限公司的飞机

4.8.15 幸福航空有限责任公司

幸福航空有限责任公司的主运营基地在西安咸阳国际机场,IATA代号为JR,由中国航空工业集团有限公司和中国东方航空股份有限公司共同出资组建,并整合奥凯航空有限公司的支线业务而成,是国内运营MA60机型数量最多的航空公司。航徽为莲花的5个花瓣,寓意我国东西南北中5大区域的融合。如图4.58所示是幸福航空有限责任公司的飞机。

4.8.16 顺丰航空有限公司

顺丰航空有限公司是中国最大的货运航空公司,主运营基地在南京禄口国际机场,主要通过自有飞机、包机和包机腹舱进行航空运输,截至2022年7月,顺丰航空有限公司自有飞机的规模已达74架。如图4.59所示是顺丰航空有限公司的飞机。

图4.58 幸福航空有限责任公司的飞机

图4.59 顺丰航空有限公司的飞机

4.8.17 国泰航空有限公司

国泰航空有限公司诞生于1946年，是因两位在喜马拉雅山脉上空飞行"驼峰"航线的飞行员打算从澳大利亚将急需的货物运到战后的中国而诞生，是中国香港第一所提供民航服务的航空公司，目前隶属太古集团。如图4.60所示是国泰航空有限公司的飞机。

图4.60 国泰航空有限公司的飞机

4.8.18 长荣航空股份有限公司

长荣航空股份有限公司于1989年由中国台湾航运界巨子张荣发创办，总部位于中国台湾省桃园市，与主要以中国台湾省内航线为主的立荣航空同属长荣集团。如图4.61所示是长荣航空股份有限公司的飞机。

图4.61　长荣航空股份有限公司的飞机

如今，国内的航空公司已经形成了以公有制为主体、非公有制共存，以大型企业集团为主导、中小型航空公司并存的一主多元格局，可谓是百花齐放、百家争鸣，标志着我国的民用航空运输业蒸蒸日上，正在走向未来、走向世界。

4.9　航 空 联 盟

航空联盟是两个或两个以上航空公司之间所达成的合作协议，由最初几个航空公司之间的代码共享发展而成，现代的航空联盟除可以共享代码外，还可以共用维修设施、运作设备和员工，相互支援地勤与空厨作业以降低成本。航空联盟是国际性组织，提供了全球的航空网络，加强了国际间的联系。现代全球三大客运航空联盟分别是星空联盟、天合联盟和寰宇一家，著名的货物航空联盟有天合联盟货运和WOW货物联盟。

4.9.1　星空联盟

星空联盟（Star Alliance）于1997年创立，如图4.62所示是星空联盟标识，标志是一个由5个三角形图样组合而成的五角星，象征创立联盟的5个初始成员。总部设在德国法兰克福，创立成员有北欧航空公司、泰国国际航空公司、加拿大航空、德国汉莎航空股份公司和美国联合航空公司。联盟自创立以来发展迅速，目前拥有28家正式成员，联盟的标语是"地球连结的方式（The way the Earth connects）"。联盟成员中的航空公司形成连接各大洲主要城市的庞大航线网络，具有多个国际性枢纽。

STAR ALLIANCE

图4.62　星空联盟标识

4.9.2　天合联盟

天合联盟（Sky Team）于2000年创立，如图4.63所示是天合联盟标识，创立成员有法国航空公司、达美航空公司、墨西哥国际航空公司和大韩航空公司。2004年飞翼联盟合并后，荷兰皇家航空公司和美国西北航空公司成为其成员，联盟总部设在荷兰阿姆斯特丹。联盟拥有19家正式成员，联盟的标语是"我们更关注您（Caring more about you）"。天合联盟包括3家大型美国航空公司，北美洲航线密集，在北美地区的实力超过星空联盟，联盟成员稳扎中国市场。

天合联盟成员中的中国成员包括中国南方航空集团有限公司、中国东方航空集团有限公司、厦门航空有限公司等。2020年，中国南方航空集团有限公司正式宣告退出天合联盟。

图4.63　天合联盟标识

4.9.3　寰宇一家

寰宇一家（oneworld）于1999年创立，如图4.64所示是寰宇一家标识，创立成员有美国航空、英国航空公司、国泰航空有限公司、澳洲航空公司、原加拿大航空，总部初期设在加拿大温哥华，现位于美国纽约，联盟拥有13家正式成员。英国航空公司和美国航空是联盟支撑国际航线网络的主要成员，在联盟中的主要作用是为其他成员提供远程客源。目前该联盟在中国大陆还没有合作伙伴。

图4.64　寰宇一家标识

4.9.4　天合联盟货运

天合联盟货运（Sky Team Cargo）由天合联盟4个创始成员的货运公司创立，经过多年的发展，联盟现拥有11家正式成员。如图4.65所示是天合联盟货运标识。

图4.65　天合联盟货运标识

4.9.5 WOW货物联盟

WOW货物联盟（WOW Cargo Alliance）于2000年由北欧航空货物小组、汉莎货运航空和新加坡货运航空公司建立，是一个全球性的货物联盟。2002年，日本货运航空公司加入联盟，现有4家正式成员。该联盟是唯一一个与天合联盟货运竞争的货运联盟。

第5章 航空安全

安全是民航事业发展的基础，是民航永恒的主题，也是我们每个人的愿望。但在飞行系统存在安全隐患未能及时发现并纠正时，事故往往会突然发生。每次事故的发生都应当给我们很多启示，只有从事故中学习，从失败中领悟，找到事故发生的真正原因，才能为预防类似事故找到有效途径，才能无愧于我们从事的事业。

本章汇集了 2000—2008 年间国内航空维修中的典型差错事件及国内外重大航空事故案例。并通过对航空维修中典型差错事件的案例分析，指出导致事故发生的原因，从而有效提高了维修质量，减少了事故的发生。

5.1 航空人为因素

5.1.1 航空人为因素概论

随着航空制造业的发展，加上新技术的不断应用，飞机的可靠性已得到很大提高，在飞机自身可靠性水平达到相当高的水平且不能在短期获得重大突破的情况下，实现飞机可靠性的提高是一件十分困难的事情。从某种程度上讲，飞行安全与人的可靠性的关系更大。安全和效率是航空界最为关注的两个目标，二者缺一不可，这也是航空人为因素研究的两个方向，在民航系统中引入并深入应用人为因素尤为重要，优化航空人员的工作表现，是实现飞行安全和提高工作效率的可靠保证。

1. 航空维修中的人为因素

在航空业发展的初期，由于受生产力发展水平的制约，科学技术相对落后，在飞机设计制造方面存在较多缺陷，因此机械因素是影响航空安全的主要因素，占全部事故的80%。当时，人们主要关注和解决的是飞机自身的性能问题，主要是通过改进技术来解决航空安全问题的。事实证明，这种方法取得了成功，显著地降低了事故率。

20 世纪 70 年代中期，随着航空器安全水平的提高，因机械因素导致飞行事故的比例从 80%降低到 20%。但人为差错在使用先进设备时仍然存在，并且，这种情况越来越明显，如图 5.1 所示。据研究表明，1959—1996 年，世界民航 177 起机毁人亡事故中，机组原因占比 73.3%，维修事故占比 3.4%，机场/航管占比 4.2%，飞机本身、天气及其他原因占比 19.1%；1987—1996 年，世界民航 145 起机毁人亡事故中，机组原因占比 70%，维修事故占比 6%，机场/航管占比 3%，飞机本身、天气及其他原因占比20%。由此可以看出，20 世纪 60 年代以来，人为因素占全部事故比例的 80%左右，且长期以来保持在这个水平。人们逐渐认识到，航空器的可靠性已远远大于操作的可靠性，操作的失误会对飞行安全构成更大的威胁，因此，在航空维修的领域中，研究人为因素显得更加重要。

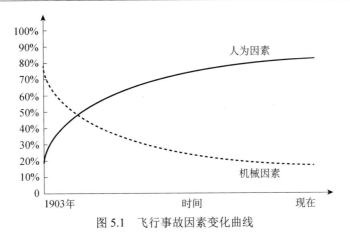

图 5.1　飞行事故因素变化曲线

　　全球航空运输量成倍增长，航空器数量、飞行时间、起落次数逐渐增加，若事故率不变，则事故总数将增加。中国要成为航空大国、强国，同样面临此问题。如图 5.2 所示是中国航空安全面临的挑战。因维修差错导致的航班延误、取消，或者空中停车造成的经济损失将影响航空公司的效益和品牌形象。

图 5.2　中国航空安全面临的挑战

2. 人为因素的定义及研究内容

　　人为因素是一门应用科学，它以人作为研究中心。应用人为因素有利于优化人的行为表现并减少人为差错。人为因素是一门综合学科，包含行为科学、社会科学、工程学和心理学等。人和与人、广义环境相关的各种因素及其相互影响是人为因素研究的主要内容。由于新技术的改进和发展，因飞机机械因素造成的事故已大大减少，而与人为因素相关的事故在不断增加。

　　航空维修中的人为因素是航空人为因素的分支，主要通过研究影响航空维修中人的工作表现的因素来优化航空维修人员的工作表现，从而减少人为差错，保证航空安全。

　　国际民用航空组织（International Civil Aviation Organization，ICAO）于 1986 年对民航中的人为因素作了定义：是关于人的学科；是关于在工作和生活环境中的人，是关于人与设备、过程及环境的关系，是关于人与其他人的关系；涉及航空系统中人的所有特性；利用系统工程学框架，通过对人体科学的系统应用，以寻求人的最佳表现；目标是安全和效率。

　　如图 5.3 所示是人为因素的研究内容，共包括两个方面：第一，个体中的人为因素，研究人的能力和极限，以及人在单独工作、与团队工作时的行为；第二，组织中的人为因素，研究工作和生活环境中的人及与之相关的他人、设备、环境、工作程序等对人的影响。

人为因素学本身是多学科交叉的边缘学科，它涉及心理学、生理学、医学、人体测量学、生物力学、社会学、系统工程学、统计学等学科，同时人为因素学又具有很强的实践性。它的研究成果必须应用到具体的实践中才有意义。

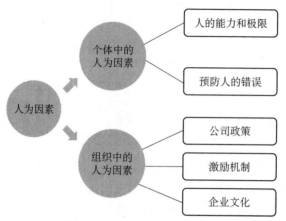

图 5.3　人为因素的研究内容

5.1.2　人为因素的基本模型

1. SHEL 模型

SHEL 模型是通过研究人与广义环境的关系来提升安全水平和工作效率的，因此被称作人为因素的概念模型。

图 5.4　SHEL 模型

SHEL 模型是 Elwyn Edwards 教授在 1972 年提出的。1975 年，Frank Hawkins 将其发展为一个带齿边的方块模型，如图 5.4 所示。该模型用简化的方法来表示复杂系统，具体、形象地表现出人为因素研究的范围、基本要素及它们之间的关系。

S——软件（Software），即手册程序，包括维修手册、检查单和 IT 系统等。

H——硬件（Hardware），即工具、测试设备、飞机结构、驾驶舱设计、操纵系统、仪表的配置和使用特性等。

E——环境（Environment），即自然环境和社会环境，如机场条件和航线条件，以及工作方式、管理机构等。

L——生命件/人（Liveware），即处于模型中间的人，包括维修人员、主管、计划员、经理等。

1）认识 SHEL 模型

在 SHEL 模型中，方块图形的匹配与不匹配，与方块图形本身的特征一样重要，有一处不匹配就意味一个危险源。人是这个模型的中心，被认为是模型中非常重要的组成部分，同时其适应能力也是非常重要的组成部分。这个方块的边缘是锯齿状的，如要避免系统的内应力，甚至是分裂，系统的其他部分必须小心与之匹配。因此，有必要了解这个 SHEL 模型"中心"的特点，如人体尺寸、外形和人体需求、输入特点、信息处理、输出特点和环境忍耐性等。

2）SHEL 模型在航空维修中的应用

既然人是 SHEL 模型的中心，那么其他部分就必须与这个中心部分配合，因此设计的硬件、软件、环境必须要能增强人的作业表现并尊重人的局限性。

人—硬件：是指系统中人与结构体之间的界面。这个界面需要考虑的因素最多，如座位的设计要符合人体特点，显示要符合使用者的视觉和信息处理习惯等。用户可能从来不会意识到人与硬件的缺陷，因为人可以适应人与硬件间的不匹配，从而将缺陷隐藏起来而不是消除。

人—软件：是指系统中人与非结构体（如程序、手册、检查单、符号等）之间的界面。人与软件的缺陷很难被发现，因此也很难解决。

人—环境：各种自然的、非自然的环境因素将通过人—环境界面与人相互作用。航空系统在管理、政治和经济的制约下运行，包括各种自然环境因素（噪声、通风）和非自然环境因素（灯光）等，维修环境引起的感知错误会导致维修错误。

人—人：在这个界面中，应予以重视的是领导、班组合作、集体工作和个人之间的相互作用。职员和管理层的关系也在这个界面范围内，因为合作风气和公司的工作压力可对人为表现产生很大的影响。

人为因素专注于人和 SHEL 模型中其他元素之间的界面，以及从安全角度来看，各因素可能出问题的地方，例如：

人—软件：曲解程序，编写的手册不实用，设计的检查单不合理，计算机软件未经测试或难以使用。

人—硬件：没有足够的工具，不合适的设备，飞机的维修性设计很差。

人—环境：不舒适的场地，不合适的机库空间，过高的温度，过大的噪声，照明差。

人—人：人力短缺，缺少监督，缺少来自管理人员的支持。

随着现代设计技术的发展和制造业的进步，飞机的可靠性在不断提高。虽然我们不能通过重新设计人类来避免差错，但是能通过提供有效的培训，优化工作程序，完善设备和设施，采用重复检查等预防措施来避免差错。学习人为因素的目的就是要帮助在维修工程环境中的所有人（技术员、工程师、管理人员等）去认识自己和他人行为表现的局限，并及时避免、发现和纠正差错或易于出错的行为和习惯。

2. 墨菲定律

在民航业界，墨菲定律备受推崇。墨菲定律表现为：如果做某件事有出现差错的可能性，就一定会有人出现差错。

在航空维修中，墨菲定律表现为：如果飞机的部件有可能以错误的方式安装，那么一定会有人以这种错误的方式安装。

1）认识墨菲定律

（1）认识差错的客观性。简单地说，事情如果有变坏的可能，那么不管这种可能性有多小，它迟早会发生。

（2）认识差错的主观性。对可能出错的地方不能掉以轻心，存侥幸心理。

这符合辩证法和客观规律，一方面承认极限，承认没有绝对的安全；另一方面认为，承认极限与强调人的主观能动性和进取精神并不矛盾。只要增强忧患意识，重视事前预防，勇于开拓创新，不断从系统上改进安全管理工作，改善安全保障条件，显性和隐性的安全风险就会得以消除和控制。

2）墨菲定律对人们的警示

（1）人既然存在犯错误的可能性，那么任何人都不会永远不犯错误。因此人不能心存侥幸，更不能在自己熟悉的工作领域放松警惕，不能"艺高人胆大"；

（2）科学技术的进步使得工作的应用系统越来越复杂，因此一旦出现问题，面临的困难就会越来越严重；

（3）为了防止出错，工作之前应该尽可能考虑周全，必要时要制定周密的预案，采取多种保险措施，防止偶然发生的人为失误导致灾难和损失；

（4）如果真的不幸发生差错，造成损失，那么应找到问题的原因，以便以后把工作做得更周密，绝不能掩盖事故。

3. REASON 模型

1）认识 REASON 模型

1991 年，英国曼彻斯特大学的 James Reason 博士对世界上发生的重大航空事故调查分析后，提出了航空事故理论模型，即 REASON 模型。航空生产是有组织的系统活动，这些活动可以被划分为不同的层面，从系统的高度来看，各个层面的活动与事故的最终发生都有关系，在每个层面上都存在漏洞，不安全因素就像一个不间断的光源，刚好透过所有这些漏洞时，事故就会发生。这些层面叠在一起，如同有孔的奶酪叠放在一起，因此 REASON 模型也被称为瑞士奶酪模型。如图 5.5 所示是 REASON 模型。

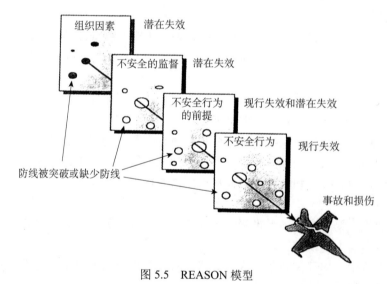

图 5.5　REASON 模型

2）REASON 模型的应用

失效一般有两种形式，即现行失效和潜在失效。

（1）现行失效是指具有直接负面影响的差错或违章行为，通常是生产一线的工作者所为。

（2）潜在失效是指远在事故发生之前的措施和决策所隐藏的危险。它通常产生于管理当局、公司决策层、生产管理层。

156

防护和安全防线是否有效并具有强有力的风险预测能力是系统设计和实施的结果。

3）圆盘漏洞理论

圆盘漏洞理论是描述航空事故发生原因的理论模型，又称 4M1E 模型，是流程分析法中分析危险源使用的最为广泛的一种工具。在圆盘漏洞理论中包含 5 个要素，即：人，指所有与航空器运行、维修和管理相关的人员；机，指航空器本身；料，指维修航空器所需的航材等；法，指运行和维修航空器必须遵守的各项程序和法规；环，指航空器运行的外部环境，包括自然环境和安全环境。以上这 5 个要素被称为"圆盘 5 要素"。如图 5.6 所示是圆盘漏洞理论图示。

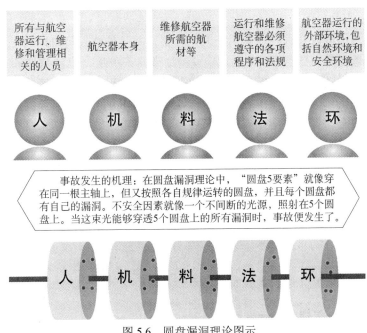

图 5.6　圆盘漏洞理论图示

4. 海恩法则

1）认识海恩法则

海恩法则是由德国飞行员帕布斯·海恩对多起航空事故深入分析研究后得出的。海恩认为，每起重大事故的背后，必然有 29 起轻微事故和 300 起事故征候及 1000 起事故隐患（又称不安全事件）。海恩法则将航空事故形象地绘制成冰山的形式，因此又被称为"差错冰山理论"。如图 5.7 所示是"差错冰山理论"图示。

航空维修中的人为差错在最不幸的情况下的确会导致机毁人亡，但机毁人亡的事故只是冰山露出水面的一角，在水面以下还有许多未发展成为事故的事故征候，每个事故征候的下面还有许多未发展成为事故征候的不安全事件。

对于航空维修行业来说，所有的不安全事件都是重要的，因为这些不安全事件可能是对潜在事故的警告，一旦差错发生在不同的环境下事故就可能发生。因此，所有的维修不安全事件都必须向民航主管部门进行报告。这些数据将用于进行安全趋势分析，以便在必要时采取措施降低人为差错发生的可能性。

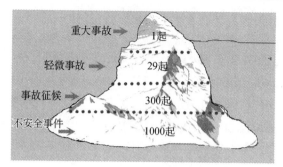

图 5.7 "差错冰山理论"图示

2）海恩法则的应用

使用海恩法则可以及时发现并纠正人为差错，并且维修人员可以自己发现差错，同事、组长或质量管理人员也可以帮助发现差错。维修人员从自己的差错和其他人的差错中吸取教训是非常关键的。当航空公司的维修系统中出现差错时，通常认为是最后一名在航空器上工作的维修人员"有问题"，这名维修人员可能会受到责备。然而，责备维修人员并不一定会起到积极的作用，相反，可能会导致维修人员不承认自己的差错、掩盖差错或不报告事故隐患。此外，如果差错是由于系统内在的失效或不足导致的（例如，不合理的工作程序），那么责备维修人员也是不公平的。

海恩法则告诉我们，事故的发生看似偶然，其实是各种因素积累到一定程度的必然结果。任何重大事故都是有端倪可查的，其发生都是经过萌芽、发展到发生这样一个过程的。如果每次事故的隐患或苗头都能受到重视，那么每次事故都可以避免。

5.2　民航安全管理体系

5.2.1　民航安全管理体系的发展背景

1. 民航安全管理理论的发展

如图 5.8 所示是民航安全管理理论发展的 3 个阶段。

第一阶段是 20 世纪 70 年代前的机械时代。由于硬件系统故障是这一阶段航空事故发生的主要原因，因此该阶段的特点是改进机械设备的"硬件"，致力于开发与采用新工艺、新技术、新材料。这一阶段所依附的理论是用于指导改进航空器硬件系统的数据化管理理论。利用公开的航空数据库，各种机构和组织可以很方便地访问和使用，同时他们还会提出改进航空系统的新课题，这些基于数据的新课题比较容易得到政府和航空器制造厂家的资金支持，研发的新成果最后可以形成有效的干预和预防大纲来指导航空器的制造和运行，这种干预和预防被证实是有效的，因为其在这一阶段大大降低了重大事故发生的概率。

第二阶段是 20 世纪 70 年代中期至 20 世纪 90 年代初的人为因素研究阶段。从 20 世纪 70 年代开始，许多航空专家意识到，人为因素显然能够击败精湛的技术性安全防护手段，因为因人为因素导致的航空事故率飙升到了 70%～80%。因此，这一阶段研究的着力点是营造良好的安全文化、完善各种规章和程序、建立人员培训机制等，致力于减少因人为因素导致的不安全事件。这一阶段的指导理论是着力于提高人表现的行为科学理论。同时，这一阶段的另一个重大突破是实现了人本管理，致力于研究如何对待人及他们的错误，变惩戒为激励，充分开发人的潜能。其重要的应用是建立了全球普遍的安全自愿报告系统，特点是自愿性、保密性、非惩罚性等。

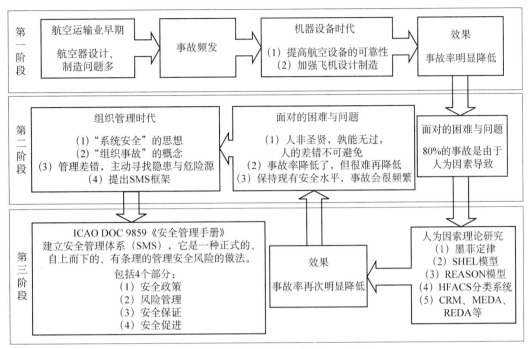

图 5.8　民航安全管理理论发展的 3 个阶段

第三阶段是 20 世纪 90 年代初至今。通过分析事故发生的深层原因可知，人只是导致事故发生关键链上的最后一个环节，因为事故的根源一般都可以在组织的缺陷中去寻找，所以应从系统安全的角度去处理人—机—环境—管理 4 大因素，单独强调某个因素的优化并不能确保系统整体的安全、高效。因此，考虑到一个组织机构的文化和政策对于安全风险控制的影响，该阶段的民航安全管理理论就引入了"组织机构性事故"的观念。此外，传统的数据收集与分析工作往往局限于对重大事故和事故征候调查中收集的数据，因此要想充分利用这些数据来预测可能发生的事故，就需要采用一种全新的、积极主动的做法来加以补充。这种新做法基于日常信息的收集和分析，使用主动和被动的方法，监控已知的安全风险并探测新出现的安全问题。这些改进形成了民航安全管理体系的基本原理。

2. 民航安全管理体系提出的背景

1）国际总体的民航安全形式不佳

从 2002 年的大连 5·7 空难到 2004 年 11 月的包头空难及中国国际航空公司西南分公司波音 B737 发生的冲出跑道事件，再到 2005 年的"黑色 8 月"（2005 年全球定期航班人员死亡事故 34 起，死亡人数 1096 人），使得 ICAO 宣布"世界民航安全的持续改善中断"。这些严峻的安全形势引起了 ICAO 及世界各国的恐慌，如何打破国际民航总体安全水平发展放缓的趋势甚至止步不前的僵局，成为 ICAO 及 IATA 面临的棘手问题。2006 年 3 月，ICAO 在加拿大蒙特利尔召开了民航局长全球安全会议，会议的主题是信息安全的透明度、新的安全统一战略和民航安全管理体系。

2）人们对航空安全的要求日益提高

航空运输是目前众多交通运输方式中相对比较安全的，其事故率和年死亡人数远远低于其他各类交通方式。但民航运输事故具有突发性、国际性、舆论关注度高和一次性死亡率高等特点，一旦发生空难，将造成无法估量的直接和间接损失，同时还会严重影响人们乘机出行的信心，这将在一定程度上影响航空公司的经济效益。

2001—2005 年，我国民航安全飞行取得了每百万飞行小时重大事故次数为 0.29 的骄人成绩，高于世界的平均水平。但随着世界经济突飞猛进的发展和我国综合国力的明显提升及国与国之间的交融性愈来愈浓烈，国内及国际的机队数量明显增加，人们对乘坐飞机出行的安全性、舒适性、快捷性等要求也越来越苛刻。

3）行业发展的需求

《国际民用航空公约》附件 6、附件 11 和附件 14 要求自 2009 年 1 月 1 日起各国的航空公司、维修单位必须建立民航安全管理体系。

5.2.2 民航安全管理体系的含义与构成要素

民航安全管理体系是一个从地面到空中的立体化生产服务系统，它主要由航空公司、空中交通管制和机场 3 大责任主体组成，涉及飞行、机务、地面保障和空中交通服务等多领域，受自然环境和社会环境的复杂影响，它是一个典型的开放系统，系统与外界之间存在大量的信息和能量交换，系统内部各子系统相互联系、有机统一。从系统功能理论的角度来看，民航安全管理体系是对民航系统正常运行起关键保障作用的下位系统。民航安全管理体系对民航运输中的各个领域进行全面的、有组织的安全管理，从系统安全的角度识别、评估和记录系统存在的风险，在其酿成事故之前对这些风险进行评估分析，进而给予缓解和控制，使其消除或保持在可接受的安全水平之上，从而不断地改进和完善整个系统的安全。

1. 基本定义

民航安全管理体系：正式的、自上而下的、有条理的管理风险的系统。其包括安全管理系统的程序、措施和政策。

安全：安全是一种状态，即通过持续的危险源辨识和管理风险的过程，将人员伤害和财产损失的风险降至并保持在可接受的水平或其以下的状态。

风险：综合考虑可能性和严重性，对某一危害可能导致的危险或后果的衡量。

2. 民航安全管理体系的组成

安全政策：主要是制定安全目标并详细规定必要的生产运行过程。它反应安全管理理念及安全承诺，是民航安全管理体系建设的根基，为安全文化建设提供清晰的目标导向。

风险管理：识别、分析和排除各种危害及其带来的风险或将风险控制在可接受水平或其以下，是安全管理的核心。

安全保证：风险控制措施确定后，利用安全保证功能，可以确保风险控制措施持续被执行，并在不断变化的环境中持续有效。

安全促进：通过培训、教育、沟通和信息分享，积极宣传安全文化，创造一种有利于实现安全目标的环境。

3. 安全政策和安全目标

安全政策包括政策和组织机构，其要素为：安全管理体系的相关章程、管理者的承诺与责任、安全责任义务、关键的安全管理人员、协调应急预案。安全管理体系应以标准化、规范化、程序化为目标，制定明确的行为规范，以使管理者可以依章管理，员工可以依章生产。公司的最高领导者是公司安全管理和安全生产的第一责任人，应以安全第一、预防为主、综合治理为安全方针。

公司制定的安全目标要符合安全政策的要求，可测量、可实现，要对安全目标进行定期评审，对实现过程实施控制。还要建立与全体员工和责任方的沟通机制，确保安全政策和安全目标得到落实和反馈。

4. 风险管理

风险管理是识别、分析、排除各种危害及其带来的风险或将风险降低到可接受程度的管理方法。风险管理具体包括 4 项工作：系统与工作分析、危险源识别、风险分析和风险评价、风险控制。

1）系统与工作分析

系统与工作分析应充分说明组成系统的硬件、软件、人员、环境间的影响，并详细到足以识别危险源和进行风险分析。

例如，飞行运行管理、运行控制、维修、地面服务、货运和培训等部门都可以看作一个相对独立的系统。

2）危险源识别

危险源是有可能导致人员受到伤害，或者使系统、设备或环境遭到破坏，或者财产受损的任何现有的或潜在的状况。

危险源的识别方法：

（1）通过系统和工作分析，梳理工作流程和关键环节，查找隐患，识别出存在的危险源；

（2）通过航空安全信息报告、日常航空安全监察报告、航空安全审计报告、飞行数据监控报告、事件调查报告等获得信息，并对其进行甄别和统计分析，从而识别出可能带来危险的状况或缺陷。

3）风险分析和风险评价

风险分析和风险评价是对危险源导致有害后果的严重性及发生的可能性进行评判，也包括对形成该危险源的各种原因进行分析。

致因分析是进行有效控制、降低风险的重要一步，在很多情况下，公司内部飞行人员、维修人员、签派人员或其他经验丰富的专家间进行的自由讨论是进行致因分析的有效方法。

风险发生的后果严重性分析包括根据已制定的风险严重性评价标准来确认严重性等级，或者依据已制定的风险量化分值标准来评定严重性分值。

风险发生的可能性分析包括根据已制定的风险可能性评价标准来确认可能性等级，或者依据已制定的风险量化分值标准来评定可能性分值。如图 5.9 所示是风险发生的可能性分析示例。

可能性等级	可能性分值	危险源导致有害结果发生的可能性
频繁的	5	每 10000 次起飞和降落,可能会发生 10 次以上(技能原因); 每 10000 次航班,可能会发生 3 次以上(其他因素)
偶然的	4	每年可能会发生 2 次以上
很少的	3	每年可能会发生 1 次以上
不可能的	2	每 3 年可能会发生 1 次以上
极不可能的	1	本行业 10 年内未发生; 几乎想象不到事件会发生

图 5.9　风险发生的可能性分析示例

风险评价是基于风险分析得出的结论,根据危险源导致有害结果的严重性评定出风险等级,并确定风险的可接受程度。风险评价的常用方法包括风险矩阵、作业条件风险性评价、头脑风暴法、专家法等。如图 5.10 所示是风险矩阵。

风险等级		危险源导致有害结果发生的可能性				
		频繁的 5	偶然的 4	很少的 3	不可能的 2	极不可能的 1
危险源导致有害结果的严重性	灾难性的 5	25 (不可接受)	20 (不可接受)	15 (不可接受)	10 (缓解后可接受)	5 (缓解后可接受)
	重大的 4	20 (不可接受)	16 (不可接受)	12 (缓解后可接受)	8 (缓解后可接受)	4 (缓解后可接受)
	严重的 3	15 (不可接受)	12 (缓解后可接受)	9 (缓解后可接受)	6 (缓解后可接受)	3 (可接受)
	轻微的 2	10 (缓解后可接受)	8 (缓解后可接受)	6 (缓解后可接受)	4 (可接受)	2 (可接受)
	可忽略的 1	5 (缓解后可接受)	4 (可接受)	3 (可接受)	2 (可接受)	1 (可接受)

图 5.10　风险矩阵

4)风险控制

如图 5.11 所示是不同风险等级对应的风险控制原则。

风险等级(R)		风险控制原则
不可接受的风险	13≤R	立即停止运行或生产(包括新的系统设计、现有系统设计的更改、新的作业或程序、更改后的作业或程序),马上采取风险控制措施,直至风险消除或至少降低到可容忍的等级后,才能继续运行或生产
缓解后可接受的风险	5≤R≤12	评审现有防护措施的效率,确定运行或生产(包括新的系统设计、现有系统设计的更改、新的作业或程序、更改后的作业或程序)的限制条件和相应的安全监测计划,采取进一步措施,降低风险,确保运行或生产在限制条件下进行
可接受的风险	R≤4	正常运行或生产(包括新的系统设计、现有系统设计的更改、新的作业或程序、更改后的作业或程序),没必要采取进一步措施,除非进一步降低风险不需要花费较大代价

图 5.11　不同风险等级对应的风险控制原则

航空公司常用的风险缓解措施包括改变程序、增加或改进设备、完善管理机制和监控机制、发布风险预警、通告或提示等。

风险缓解后可通过日常监察、专项调查、统计分析等方法,对风险缓解措施的持续实施进行动态监控。在持续监控的过程中,如果控制措施不能达到预期效果,那么可对风险缓解方案进行重新评估及调整。

5. 安全保证

采用系统的方法来确保政策、程序和要求等被正确执行，保证经过全员努力可以实现安全绩效目标。质量管理部、各独立许可证的质量管理中心是相对独立于生产运行系统的安全保证机构，负责承担安全保障职责。

1）安全绩效测评

质量管理部每年年初参考公司安监部分配的指标和公司的年度安全目标制定《年度安全考核方案》，考核指标细化到各单位，报质量管理部总经理批准后发布实施。实施结果指标和过程指标均分为"良、中、差"3 个等级。

2）安全信息管理

质量管理部和各质量中心负责建立安全信息收集和处理机制，信息来源包括但不限于与飞机维修、维修保障、航空运输等活动相关的安全信息。

3）安全监察

依据各类民航规章、适航指令、工作程序、管理手册、维修方案、技术通告等对维修活动的所有方面进行定期或持续监督，保证实际的维修活动符合法律、法规、标准和程序的相关要求，实现安全管理的有效性。

6. 安全促进

安全促进的核心是安全文化的建设，而信息的透明共享、积极有效的沟通渠道是塑造安全文化、不断提升安全管理体系的基础。公司致力于建立各种信息发布和接收渠道，保证内、外部信息的畅通，确保员工能够充分了解公司的安全政策、安全目标、重大事件和现状、安全管理体系的功能、安全信息及经验教训，旨在形成自上而下和自下而上的双通道模式。

建设安全文化的途径：

（1）通过规范岗位标准操作程序，明确岗位安全责任，提高全体员工的规章意识。

（2）通过建立主动报告减免责政策，提升员工参与安全管理的主动性和积极性。

（3）通过安全培训，提高全体员工的安全意识和安全工作技能。

（4）通过安全宣传、教育和培训，营造良好的安全运行氛围，增强全体员工的安全责任感。

5.3 国内航空维修中典型人为差错事件的案例分析

5.3.1 由于勤务缺陷导致的维修差错

案例 1：关于 B747 飞机因勤务缺陷导致飞机损坏事件的案例分析

1. 事件简述

2002 年 2 月 7 日，某航空公司一架 B747-400 型货机执行航班任务，该机 7 日凌晨 12 时飞抵台湾桃园国际机场，由于维修人员操作不当导致整架货机机头着地，尾部翘起，造成飞机损伤（见图 5.12）。

2. 事件调查

该机于 7 日凌晨 12 时飞抵台湾桃园国际机场，机长曾表示飞机的前起落架有异

图 5.12　受损飞机图片

样，因此先行在空中盘旋一圈后才降落，随即停放在机场的第 5057 块停机坪上，维修人员连夜进行维修。凌晨 4 时，该飞机进行测试时，由于前起落架未插安全销，维修人员意外操作起落架收放手柄，前起落架突然收起来，整架货机机头着地，尾部翘起。维修人员紧急调来顶升装置将机头拉起，并且用气垫放置在机身底部，通过给气垫充气，将飞机顶起。在气垫的作用下，机头很快上升，前起落架渐渐离开地面。不幸的是，在飞机右侧水平安定面的下部，由于维修人员没有及时撤走顶升装置，因此顶升装置穿过右侧水平安定面，造成了重大的经济损失。

该机由波音公司交付使用仅 3 天。

3．事件分析

该事件是两起意外共同作用的结果。

首先，意外操作起落架收放手柄是导致起落架收回的主要原因，但如果起落架的安全销在位就不会导致起落架收回。

其次，顶升装置撞伤平尾。飞机在气垫的作用下，机头上仰，机尾下落，这是完全不用动脑筋多想的道理。但尽管如此，维修人员却厚此薄彼，顾首不顾尾，未能完全考虑飞机的尾部是否会受到工作台架、工作梯等的影响，存在全局意识淡薄的问题。

4．防范措施

（1）培养良好的心理素质。

（2）专注工作，不分心。

（3）适当休息并与他人交流。

（4）应清楚工具设备的分类。

164

（5）工具设备使用完毕后应放回原位。

（6）定期对工具设备进行整理。

（7）加强自我学习以能及时发现错误。

（8）没执行的工作不要签署。

（9）工作时必须参考工作手册。

（10）维修时必须参考维修手册。

案例 2：B747 飞机发动机空中停车案例分析

1. 事件简述

2007 年 7 月 6 日，一架 B747-400 飞机（发动机型号是 PW4056）执行飞行任务，飞机起飞爬升至 3747 英尺时，出现燃油低压的提示信息，随后机组发现 1 号发动机的参数不稳定，燃油页面上 1 号主油箱前、后的燃油泵图标呈现黄色（此前、后燃油泵因故障已经保留）。随后机组推油门杆，燃油低压的提示信息消失，1 号发动机的参数恢复正常，飞机继续飞至约 4900 英尺时，EICAS 出现 "ENGINE 1 FAIL" 的提示信息，1 号发动机的参数快速下降，1 号发动机自动停车，飞机返航并安全着陆（见图 5.13）。

图 5.13　B747-400 飞机发动机空中停车案例附图

2. 事件调查

（1）地面检查时飞机的各系统正常。

（2）2007 年 7 月 5 日，该机 1 号主油箱后的燃油泵因故障已根据飞机维修手册 MEL28-22-1 的规定进行了故障保留。飞机维修手册 MEL28-22-1 中有每个主油箱最少加 11 吨燃油的规定。

（3）经查，该机在执行本次飞行任务前共加燃油 34.5 吨，1 号主油箱未按飞机维修手册 MEL28-22-1 的规定加足燃油，技术记录本中也未记录飞机维修手册 MEL28-22-1 规定的维修工作的执行情况。

（4）本次发动机空中停车的主要原因是在 1 号主油箱后的燃油泵的故障保留后，未按飞机维修手册 MEL28-22-1 的规定加足燃油，导致在爬升过程中因燃油不足，1 号主油箱前的燃油泵无法为 1 号发动机供油。

3. 事件分析

飞机起飞前，在保留 1 号主油箱后的燃油泵故障的情况下，燃油加载未满足飞机维修手册 MEL28-22-1 的要求，导致爬升时 1 号发动机的供油不足，造成发动机的自动停车。

4. 防范措施

（1）防微杜渐，吸取教训。

（2）规范施工标准，杜绝差错事件。

（3）理顺生产流程，确保信息的有效传递。

（4）严控放行关口，确保航空安全。

案例 3：关于地面车辆与出港飞机发生冲突的案例分析

1. 事件简述

2006 年 3 月 20 日，机务人员王某驾驶小拖车在经过新机坪时与从 102#机位出港的 B737 飞机发生冲突，后飞机减速刹车，小拖车向前开离后，飞机正常出港。

2. 事件调查

2006 年 3 月 20 日下午 1 点 50 分左右，王某因工作原因驾驶小拖车从基地前往航线工具间，从基地到航线工具间需横经基地停机坪、机场新机坪和机场近机位机坪与飞机滑行道相交的行车道。当王某驾驶小拖车进入新机坪前，其在对前方路段进行观察时由于个人原因未能发现离港的 B737 飞机。王某继续前行，进入机场新机坪飞机滑行区。当其到达行车道与滑行道的交叉处时，王某才发现从小拖车正右方滑行过来的出港飞机。王某试图倒车避让飞机，但在忙乱中小拖车熄火，多次启动均未成功。随着飞机距离小拖车越来越近，飞机将速度降到很低并在小拖车前不远处停住。小拖车启动成功后向前开离飞机滑行区，小拖车远离后，飞机滑出并于 13 点 58 分起飞。

3. 事件分析

这是一起由于当事人违反航空器活动区的行车规定，最后造成车辆与出港飞机发生冲突的不安全事件。根据航空公司《监察工作手册》规定，此次事件被定性为严重差错。

4. 类似事件

（1）2005 年 12 月 26 日，一架美国阿拉斯加航空公司的飞机 MD83（注册号 N979AS）从华盛顿州西雅图机场起飞后不久的航路爬升过程中突然座舱失压，于是飞机紧急下降返回西雅图机场并安全着陆，事后检查发现在飞机前舱门附近有一个 12 英寸长 6 英寸宽的大洞。事故中没有人员伤亡。

一名机场运输工人在美国国家交通安全部和联邦航空局调查这起事故时承认，这架飞机在起飞前，曾在机场上被他驾驶的一辆行李车撞击了一下，不过他没有立即汇报这起事故。这场撞击事故在飞机机身的铝皮上造成了一个折痕，当飞机机舱的压力增加时，这个折痕就变成了一条裂缝，最后形成了一个大洞，最终导致座舱失压。

（2）2007 年 3 月 14 日，一架 B737-900 飞机执行航班任务，该机在首都机场过站时，由于该航班的安全保卫员擅自驾驶正在装货的小拖车造成小拖车车斗与机尾货舱门底部剐蹭。调查发现该安全保卫员不会开车，无车辆驾驶执照。

（3）2007 年 4 月 13 日，一架以色列航空公司的 B747-458 客机（注册号 4X-ELD）在法国巴黎戴高乐机场地面滑行的过程中与拖车相撞，使飞机的 3 号发动机严重损坏（见图 5.14），当时飞机上有 374 名乘客，但没有人员受伤。

（4）2007 年 6 月 10 日，一架美国航空公司的 B767-300 客机在迈阿密国际机场推出的过程中撞上一辆餐饮车，造成了飞机的严重损坏。当时飞机上有 224 人，没有人员伤亡。

图 5.14　以色列航空公司的 B747-458 客机与拖车相撞

（5）2007 年 6 月 9 日凌晨，一名货运司机在深圳宝安国际机场执行拉货任务后，在返回货站的途中行错路线，与停放在 74 号机位的 A319 型客机相撞，致使该客机左侧的发动机受损。经初步核定，损失可能超过 1000 万元。

5. 安全提示

维修人员应加强安全意识，严格遵守《民用机场航空器活动区道路交通管理规则》及《飞机维修工作手册》中对内场车辆管理的相关规定，严禁无照驾驶、疲劳驾驶、超速驾驶，同时应加强观察。为防止维修人员驾驶机动车发生事故，避免人员受伤或车辆受损，防止车辆与飞机冲突，特提示如下：

（1）无民用机场航空器活动区机动车驾驶证的人员，严禁借用或驾驶内场机动车。

（2）机动车驾驶人员需严格遵守《民用机场航空器活动区道路交通安全管理规则》（CCAR-331SB-R1）的要求，按章行驶。其中第四章第十四条第四款规定，当驾驶机动车行驶到客机坪、停机坪、滑行道交叉路口时，应当减速慢行，观察航空器动态，在确认安全后，方可通行。

（3）根据《民用机场航空器活动区道路交通安全管理规则》的规定，遇到有航空器滑行或拖行时，应在航空器一侧的 50 米外避让，不得在滑行的航空器前 200 米内穿行或 50 米内尾随，不得从机翼下穿行。

（4）驾驶内场机动车，需昼夜开启黄色警示灯。

（5）驾驶人员应严格按当地机场标明、限定、要求的路线、速度、范围驾驶机动车。

（6）在路况复杂的情况下驾驶机动车时，驾驶人员应加强观察、减速慢行；机场能见度低时，驾驶人员应当按照低能见度运行的规定驾驶机动车。

（7）严禁酒后、疲劳驾驶内场机动车，不得驾驶与所持驾驶证准驾车型不相符的车辆。

（8）内场机动车管理责任部门应加强对车辆安全技术性能的检查，不得驾驶安全设施不全或机件不符合技术标准等具有安全隐患的车辆。

案例 4：几起由于地勤人员操作失误导致的飞机损伤事件

（1）2006 年 1 月 25 日 6 时 30 分许，停在上海浦东国际机场 304 号货机位卢森堡航空公司的一架波音 B747F 型货机，由于一位地勤人员的操作失误，造成飞机前起落架自动收起，飞机机头当即栽下、冲地，所幸没有造成人员伤亡（见图 5.15）。

图 5.15　波音 B747F 型货机的机头着地

（2）2007 年 3 月 11 日，一架意大利货运航空公司的 MD-11F 型飞机（注册号 EI-UPI）在米兰马尔彭萨机场装卸货物的过程中，机尾突然下落撞地，造成飞机轻微损坏，没有人员伤亡（见图 5.16）。

图 5.16　意大利货运航空公司货机的机尾撞地

（3）2007 年 6 月 5 日，一架美国双子座货运航空公司的 MD-11F 型货机在迪拜国际机场装卸货物的过程中机头翘起、机尾擦地，造成飞机的轻微损坏（见图 5.17），装卸货物时当地正刮大风。

（4）2006 年 4 月 12 日，巴西航空公司的一架货机在墨西哥城机场因配载货物不均衡发生尾部"坐"在地上，机头翘起的现象（见图 5.18）。

图 5.17　美国双子座航空货运公司货机的机尾擦地

图 5.18　巴西航空公司货机的尾部"坐"地

5.3.2　由于安装不当导致的维修差错

案例 1：空客 A320-200 型飞机发动机空中停车案例分析

1. 事件描述

2007 年 12 月 18 日，一架型号为 A320-200（发动机型号为 CFM56-5B）的飞机执行飞行任务，由于左发动机的滑油量和滑油温度的变化大，因此左发动机喘振，机组人员随即关停左发动机，飞机安全着陆。

2. 事件调查

1）飞机落地后的检查情况

机务人员打开飞机左侧的风扇包皮，发现包皮内侧有滑油，滑油泵附近部分部件和管路有滑油；尾喷管内有少量金属屑，检查发动机的主磁堵发现，除有一些油泥状物质外没有金属屑。

换发后检查发动机的滑油供油油滤，可以看到油滤盖上的排放堵头与油滤盖之间的绿色备用封圈，以及排放堵头与油滤盖之间的保险丝在位完好，拆下排放堵头发现排放堵头的主封圈和备用封圈在一起（见图 5.19）。

图 5.19　空客 A320-200 型飞机发动机空中停车案例附图

2）发动机的维护情况

17 日机务人员对该发动机执行 EO:B32079C009R1（重复拆下 CFM56-5B 发动机的滑油供油油滤送厂评估）和 EO:B3207C039R5（重复检查电主磁堵探测器）工作。机务人员在拆下旧的油滤时，发现排放堵头的备用封圈破损，需要更换，按飞机维修手册（Aircraft Maintenance Manual，AMM）要求领取新的备用封圈后，进行该备用封圈和主封圈的安装工作。

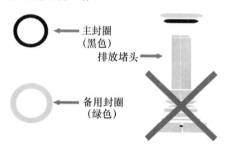

图 5.20　错误的安装备用封圈和主封圈的图示

机务人员在安装新油滤的排放堵头时，先将备用封圈（绿色）安装在排放堵头的根部，然后将主封圈（黑色）安装在排放堵头的凸肩台上，最后将排放堵头安装进油滤内，并按 AMM 手册要求打好力矩并上好保险丝。安装完成后，进行慢车测试，检查左发无渗漏，地面测试正常。

3）错误的安装方式

如图 5.20 所示是错误的安装备用封圈和主封圈的图示。

4）AMM 手册的要求

根据 AMM 手册的要求，正确的安装方法是：先将主封圈安装到滑油盖的凹槽，然后将备用封圈安装到排放堵头的固定凹槽内，最后将排放堵头连同备用封圈一起装进油滤盖内，并打好力矩，上好保险丝（见图 5.21）。

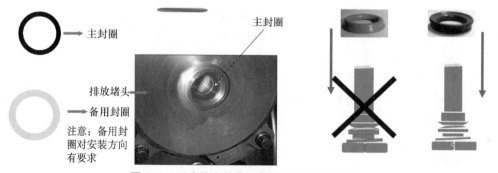

图 5.21　正确的安装备用封圈和主封圈的图示

3. 事件分析

机务人员没有按照 AMM 手册的要求进行封圈的安装，结果造成在安装排放堵头时，主封圈被挤压滑落到备用封圈上面，并重叠在一起，造成主封圈离位，发生滑油泄漏。安装过程中，检验人员未对安装过程实施有效的监督和检查。事件定性为人为责任飞行事故征候。

案例 2：更换交流发电机时漏装排气罩案例分析

1. 事件描述

2006 年 5 月 14 日，B737 飞机航后，孔探检查时发现左发交流发电机缺排气罩，经查为 2006 年 4 月 26 日该飞机上站更换左发交流发电机时漏装了排气罩。

2. 事件调查

2006 年 4 月 26 日，B737 飞机执行飞行任务，过站时左发交流发电机失效，于是从基地调料更换左发交流发电机。查退入航材库房的不可用件交流发电机时，发现旧件排气罩仍在交流发电机上。查航材新件交流发电机，发现交流发电机上没有排气罩。查 AMM 手册中关于交流发电机更换的内容，其对安装和检查排气罩并未做出说明和提示。经询问工作人员，工作人员表示清楚更换交流发电机时需要安装排气罩，但 4 月 26 日更换交流发电机时因工作疏忽，漏装了交流发电机的排气罩（见图 5.22）。

图 5.22　更换交流发电机时漏装排气罩案例附图

3. 事件分析

（1）更换交流发电机时，工作人员未将拆下件上的排气罩串到装上件上，也未领取新件排气罩装机，造成交流发电机排气罩漏装，是事件发生的直接原因。

（2）工作缺乏自检，工作人员执行更换工作时未对拆下件与装上件进行外观对比检查，完成安装工作后也未对自己所做的工作进行检查，是事件发生的重要原因。

（3）工作缺乏互检，工作人员之间没有进行交叉检查，未能发现问题并纠正，也是事件发生的重要原因。

（4）手册上关于交流发电机的更换没有拆装排气罩的步骤，手册内容的不充分，是工作人员出错的诱因之一。

（5）航材调料时未同时调拨新件排气罩，也是事件发生的诱因之一。

案例 3：发电机控制组件装错件案例分析

1. 事件描述

2006 年 6 月 21 日，B737 飞机航后排除右发直流发电机失效故障时，发现安装的右发直流发电机的 GCU 件号与 IPC 手册要求安装的件号不一致。

2. 事件调查

2006 年 6 月 17 日，B737 飞机过站时反映右发直流发电机失效，需要更换 GCU。技术支援工程师在平时整理的《常用部件件号表》中找到的 GCU 的件号为 PN:118-000-2，并通知航材库房将 GCU 送给工作人员。工作人员在更换 GCU 的过程中，发现新件件号 PN:118-000-2 与原装机件件号 PN:118-000-31 不一致，与技术支援工程师反映后，技术支援工程师在 IPC 手册上确认了该件号的有效性适用此架飞机（但未对照手册上的插图确认装机位置），便通知工作人员安装此件。安装完成后，试车检查时右发直流发电机工作正常，于是放行飞机。

3. 事件分析

（1）技术支援工程师在确认航材件号时，未使用 IPC 手册，而是通过整理的《常用部件件号表》提供件号，这不符合《飞机维修工作手册》5115《航空器材领用及归还管理程序》4.1.1 中"维修人员应根据工作单或 IPC 所提供的件号到航材库房领取航空器材时，要仔细检查并确认航材的可用性"的要求。

（2）技术支援工程师在工作人员反馈新件件号与原装机件件号不一致时，只是确认了新件的有效性是否满足该架飞机，而未参考 IPC 手册中的插图来确认装机位置。调查发现新件为 APU 发电机控制组件（APU GCU），装机位置在后货舱，而右发直流发电机的 GCU 装在驾驶舱的左电子设备架内。因此失去了一次纠错机会。

（3）新件与原装机件外观相同，除件号不同外，防错设计不充分，可以装上飞机驾驶舱的左电子设备架内，也是事件发生的重要原因。

案例 4：客机轮胎掉在松山机场，飞机抵达金门时才发现

1. 事件简述

2006 年 12 月 26 日，某航空公司的福克 100 型客机执行（台北—金门）航班，上午 7 时 45 分抵达金门。旅客下机后，机务人员发现左主轮少了一个轮胎，于是航站根据既定作业程序采取紧急应变措施。最后在台北松山机场找到了轮胎，分析轮胎是起飞时掉落的（见图 5.23）。

图 5.23 客机的轮胎掉落

2. 事件分析

初步判断是人为疏忽，24 日晚上换新轮胎时没有装好。

案例 5：B737 飞机右侧副翼控制钢索安装错误的案例分析

1. 事件简述

2007 年 8 月 17 日，B737 飞机航前，维修人员发现氧气量只有 75%，于是更换氧气瓶，并测试氧气管接头无渗漏；18 日，在兰州航前发现氧气量下降快，从 93%（凌晨 3 点左右）下降到 83%（上午 11 点左右），充氧至 101%时放行飞机。航后排故时发现飞机右侧副翼的控制钢索磨穿了一根供氧管路，因此造成了氧气的大量泄漏（见图 5.24）。

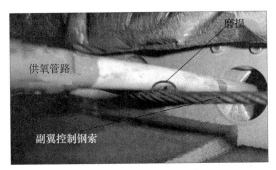

图 5.24　供氧管路磨穿图示

2. 事件调查

1）氧气系统排故经过

2007 年 8 月 18 日下午 7 点，B737 飞机航后执行氧气泄漏故障排除工作。维修人员在拆除客舱 6～8 排的双排座椅后，打开右侧侧壁板，听到上方 PSU 组件固定架背后有漏气声，伸手进入可明显感觉到有气流吹出，关闭氧气瓶后声音和气流立即消失，使用相机伸入相应位置拍摄照片，从照片中可明显看到右侧副翼后侧钢索与供氧管路相磨并使供氧管路产生缺口从而漏气。

2）右侧副翼控制钢索的更换情况

查询维修记录发现 2007 年 7 月 17 日至 2007 年 8 月 4 日，B737 飞机在机库执行 4C 检维修工作。在 4C 检维修工作中，维修人员 A 检查发现右侧副翼内侧控制钢索的磨损度超过单股直径的 40%，超出规定标准，需要更换该控制钢索。

查询该维修工作的非例行工卡发现，该段控制钢索于 2007 年 7 月 20 日进行了更换，维修人员 B 完成了新钢索的安装和调节，检验人员 C 对施工步骤进行了检验；2007 年 7 月 26 日，维修人员 B 完成了副翼功能测试，检验人员 C 对测试步骤进行了检验，测量的操纵力在工卡标定的范围内；2007 年 7 月 30 日，维修人员 A 完成了对副翼控制系统的操作测试，检验人员 C 对测试步骤进行了检验。

3）右侧副翼控制钢索的更换过程

询问当事人得知，维修人员 B 在更换此段控制钢索时，没有采用使用旧钢索牵引新钢索的经验方法安装钢索，而是先完全拆下旧钢索，再安装新钢索。

与供氧管路发生干涉的控制钢索的位置处于客舱顶板与飞机蒙皮之间，间距较小，维修人员在更换钢索时，行李架未完全拆下，而是悬挂在客舱顶部。调查发现，在这种情况下，不能通过目视检查的方法观察里面的情况，只能用手感觉控制钢索的位置，如图 5.25 所示是与供氧管路发生干涉的控制钢索位置图。

维修人员和检验人员在更换和调节控制钢索的过程中并未用手感觉控制钢索的安装位置是否存在干涉的情况。

3. 事件分析

（1）供氧管路与副翼的控制钢索之间存在干涉，在副翼操纵控制钢索运动的过程中，不断摩擦供氧管路，造成管壁被磨穿，导致氧气泄漏。

（2）维修人员在安装新的副翼控制钢索时，未能全行程对控制钢索进行检查；检验人员在实施检验时，也未能发现控制钢索的安装存在问题，导致控制钢索与供氧管路相干涉的情况未能被及时纠正。

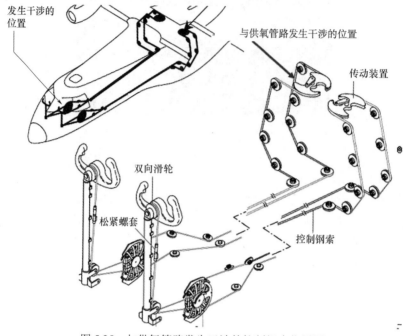

图 5.25　与供氧管路发生干涉的控制钢索位置图

（3）维修人员在测试副翼功能时，从副翼操纵力的测试数据中未能发现控制钢索与供氧管路相干涉的问题。

（4）由于发生干涉的位置处于客舱顶板与飞机蒙皮之间，在不拆下行李架的情况下，不能通过目视检查的方法确认控制钢索的安装状态。

（5）此次更换副翼控制钢索的维修人员首次执行该项工作，缺乏工作经验，未采用以往用旧钢索牵引的经验方法进行安装。

4. 事件结论

（1）维修人员在 4C 检维修工作中更换右侧副翼后侧的控制钢索时，由于安装位置不正确，与供氧管路发生干涉，在操纵控制副翼的过程中与供氧管路发生摩擦，导致管壁磨穿，是氧气泄漏的直接原因。

（2）维修人员在安装副翼控制钢索时将位置安装错误，检验人员实施过程检验的工作不到位，是造成副翼控制钢索与供氧管路干涉，进而导致氧气泄漏的主要原因。

（3）副翼功能测试工作不能发现控制钢索安装异常、客舱行李架未彻底拆除不利于目视检查、维修人员缺乏工作经验等，都是事件发生的主要诱因。

5.3.3　由于修理不当导致的维修差错

案例 1：B737 飞机排故烧坏多个 DC GCU 的案例分析

1. 事件调查

2007 年，B737 飞机排故的过程如下。

第一次串件：维修人员对串左、右发直流发电机的控制组件（DC GCU）。启动右发动机检查（未启动左发动机）故障依旧，维修人员判断为右发直流发电机失效，决定更换右发直流发电机。维修人员启动左发动机验证原右 DC GCU 是否存在故障，发现左发直流发电机接不通，判断为原右 DC GCU 是故障件。

5 月 12 日，B737 飞机执行飞行任务，过站时反映空中出现"R DC GEN FAIL"信息，于是按飞机维修手册 MEL24-30.03 规定放行。航后排除故障，在排故过程中，烧坏了多个 DC GCU。

第二次串件：维修人员将原左 DC GCU 串回左直流电源系统，并从航材库房领取 DC GCU 装在右直流电源系统，同时更换右发直流发电机。维修人员启动右发动机进行检查（未启动左发动机），故障依旧，于是怀疑从库房领取的 DC GCU 为故障件。

第三次串件：维修人员再次将左、右 DC GCU 对串，同时启动左、右两台发动机，结果发现左发直流发电机和右发直流发电机均接不通。于是维修人员判断从库房领取的 DC GCU 为故障件。

第四次串件：维修人员再次将原左 DC GCU 串回左直流电源系统，再次从航材库房领取 DC GCU 装在右直流电源系统。维修人员启动左、右两台发动机，检查发现左发直流发电机和右发直流发电机仍然不能接通，维修人员此时意识到 DC GCU 可能被烧坏了。

第五次串件：维修人员从 B737 飞机上拆下 DC GCU 串到左直流电源系统，并启动左发动机试车，发现左直流电源系统工作正常。

2. 事件分析

（1）在整个排故过程中，包括 B737 飞机原左发电机 DC GCU 和从航材库房领取的两个 DC GCU，共计 3 个 DC GCU 因排故不当被烧坏。

（2）维修人员处理故障不严谨，不严格执行 FIM 手册的隔离程序，多次通过简单串件的方式判断故障，造成多个 DC GCU 被烧坏。

案例 2：前轮组件更换轴承杯导致轮毂报废的案例分析

1. 事件简述

2007 年 9 月 24 日，附件维修分部送修的前轮组件（PN:3-1586 SN:0191）执行轴承杯的更换工作，在安装内侧半轮毂的轴承杯时，不小心使轴承杯受到损伤，导致前轮内侧半轮毂报废。事件定性为工作差错。

2. 事件调查

2007 年 9 月 24 日附件维修分部技术人员执行前轮组件（PN:3-1586 SN:0191）轴承杯的更换安装工作。如图 5.26 所示是轴承杯的安装位置图示。

工作人员阅读了 CMM32-47-25 后，在安装内侧半轮毂的轴承杯时，在将轴承杯放入轴承杯的座孔后，没有仔细检查轴承杯是否已经完全、正确地放入轴承杯座孔，就开始加压轴承杯。

在加压过程中，旁边经过的维修人员发现压床压力的指示值过高，约 5Mpa（附件维修分部反映经验值正常不超过 2Mpa），并且轴承杯略有倾斜。于是工作人员停止加压，并将轴承杯拆下检查，发现轴承杯座孔处已受损，按 CMM 手册规定无法修复。9

月25日联系厂家确认此内侧半轮毂需要报废。

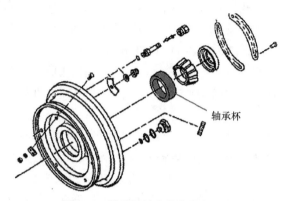

图5.26　轴承杯的安装位置图示

3. 事件中反映出的问题

（1）工作人员在安装内侧半轮毂的轴承杯时，将轴承杯放入轴承杯座孔后没有按照CMM手册要求检查确认轴承杯与轴承杯座孔是否完全对正，造成加压过程中轴承杯座孔损伤。

（2）CMM手册没有明确规定安装内侧半轮毂轴承杯的压力值，对安装工作的说明不充分；附件维修分部的经验值为2Mpa，该数值未经评估并形成工作文件。

4. 事件分析

分析该起事件，存在以下几个方面的问题：

（1）维修工作不严谨。

（2）维修人员的基本技能不高，对飞机的系统原理和构造不熟悉。

5.3.4　由于放行前后工作遗漏导致的维修差错

案例1：几起由于起落架安全销未拔导致的差错事件案例分析

1. 事件简述

（1）2006年12月18日，某航空公司B777-200型飞机执行从广州到虹桥的飞行任务，飞机起飞后，机组反映起落架无法收回，于是飞机返航。地面检查时发现左、右主起落架各有一个安全销未拔，拔出后检查正常。调查发现，工作人员对B777-200型飞机安全销数量的记忆不牢，B777-200型飞机有5个安全销，工作人员认为拔下3个安全销就可以了，于是造成了飞机返航。

（2）2006年8月2日，一架MD-11型飞机执行从浦东到卢森堡的飞行任务，飞机起飞后，因左主起落架不能收起，飞机返航，落地后，检查发现左主起落架的安全销未拔下。

（3）2005年8月7日，一架B737型飞机执行从深圳到达卡的飞行任务，飞机起飞后，因起落架无法正常收起，飞机返航，落地后检查发现起落架的安全销未拔下。

2. 安全提示

这几起因起落架安全销未及时拔下的事件均导致了飞机返航，严重影响了飞行安全，为防止差错事件发生，确保维修安全，应做到如下几点。

（1）执行航前维护时，应严格参考航前维护工作单拔下起落架的安全销，并将其放在工作单要求的指定位置。

（2）飞机排故需要安装起落架的安全销时，在工作结束后，飞机放行前，应及时拔下起落架的安全销。

（3）确认安全销上的红色飘带、保险件完好且无丢失，如出现缺损，应及时补齐。

（4）起落架安全销的使用安全注意事项请参考《安全管理工作手册》中的相关要求。

案例 2：某航空公司 A320 型飞机意外滑动事件的案例分析

1. 事件简述

2007 年 10 月 25 日，某航空公司 A320 型飞机在机场过站，飞机滑过停机线无法停靠廊桥。随后航线维修人员用拖车将飞机推回停机线，维修人员在没有确认是否挡好轮挡、飞机是否刹车的情况下取下拖车端拖把，致使飞机带拖把向前滑动约 2 米。所幸未造成人员、设备、飞机损伤。

2. 事件调查

2007 年 10 月 25 日晚，航线维修人员在停机坪 13 号位接下下午 7 点 20 分落地的 A320 型飞机。因飞机滑过停机线 40 公分，廊桥拒绝停靠飞机，于是维修人员通报 MCC 并叫拖车准备推飞机至停机线。在整个推飞机的过程中，维修人员没有使用耳机与机组联络。

飞机被推到停机线之后，维修人员在没有确认是否挡好轮挡、飞机是否刹车的情况下，将拖车端拖把取下。脱开拖把后飞机开始向前滑动，其中一名维修人员抓住拖车端拖把，让其他人员通知机组刹车，但飞机已经滑动超过停机线约 2 米。该事件被定性为工作差错。

3. 事件分析

（1）维修人员因违章操作、分工不明确造成了飞机的意外滑动。

（2）维修人员未使用有效的联络工具，导致信息沟通不及时，因此飞机意外滑动时未能得到有效处置。

（3）维修人员在飞机滑动后抓住拖车端的拖把，与《飞机意外滑动应急处置程序》（10131）中的要求不符，存在严重的安全隐患。

4. 安全建议

调查发现，造成该事件的主要原因如下：

（1）维修工作质量低，不能满足工卡要求。

（2）维修人员的规章意识淡薄，思想麻痹，工作技能不足。

5. 改进措施

针对该事件，提出以下改进措施：

（1）严格执行《维修工作持单检查操作程序》（06106）中的要求，认真落实"持单作业、逐项检查"制度，进一步提高飞机维修的质量。

（2）落实各类信息通报的要求，确保信息能够得到及时有效的传递，避免地面不安全事件和航班延误事件的发生。

（3）在特殊情况下，如需特殊放行，应按照《特殊放行工作程序》（06102）中的要求提前申报，在确保飞机适航和安全的前提下，保证航班的正常运行。

案例3：几起飞机出港时拖把剪切销剪断的案例分析

1. 事件描述

（1）2006年4月14日，B737型飞机执行飞行任务，从北京出港，拖车推动飞机滑行1米左右时拖把剪切销剪断。检查前起落架相应部件未见异常，更换拖把后飞机出港。

（2）2006年4月16日，B737型飞机执行飞行任务，从广州出港，拖车推动飞机滑行1米左右时拖把剪切销剪断。检查飞机各部件正常，更换拖把后飞机出港。

（3）2006年5月21日，A319型飞机执行飞行任务，出港时，拖把剪切销剪断，更换拖把后飞机正常出港。

2. 事件调查

程序对送机的规定：红色防撞灯打开后，指挥员与机组联系，让机组松开停留刹车，用手势指挥拖车将飞机推出。

程序对推飞机速度的规定：推飞机速度不得超过5千米/小时。

程序对推飞机时拖把剪切销剪断的处置规定：地面人员发现剪切销剪断时，应立即通知驾驶舱的操作人员及地面的监护人员。拖车司机应立即刹车（特殊情况下应驾驶车辆急速远离飞机），防止撞伤飞机。地面监护人员应注意观察拖把与飞机的脱离情况，当拖把与飞机脱离时，需指挥驾驶舱内的操作人员实施刹车。

4月14日的事件中，拖把剪切销的更换时间是2006年4月11日。

4月16日的事件中，查看被剪断的两根拖把剪切销，断面部分区域有明显的锈蚀，据此判断此次断裂非一次所致。

5月21日的事件中，送机人员在得到机组刹车已经松开的回答后指挥拖车推飞机，拖车启动后，拖把剪切销剪断，前轮左偏，后来发现当时机组没有松开刹车。拖把剪切销的更换时间是2006年5月17日。

3. 对3起事件的综合分析

（1）日常维护中对拖把剪切销的检查不到位，未按要求更换拖把剪切销是造成拖把剪切销剪断的潜在原因。

（2）推飞机的过程中，拖车起步推力和前进推力过大均可能造成拖把剪切销剪断。

（3）飞机的刹车未松是5月21日推飞机时拖把剪切销剪断的直接原因。

案例4：前轮磨损超标漏检的案例分析

1. 事件简述

2006年6月5日，D328型飞机在执行第一个航班任务落地后，检查发现两个前轮都已磨损超标需要更换，更换后航班延误。

2. 事件调查

2006年6月4日，D328型飞机于下午8点34分落地。工作人员在航后检查中发现，两个前轮的胎面都已均匀磨损且胎面上的凹槽已几乎不见，但没有发现胎面磨损见线，因此没有更换两个前轮。

2006年6月5日，D328型飞机计划于上午9点10分执行航班任务。工作人员在航前检查中发现该机的两个前轮磨损比较严重但没有见线，由于担心会造成航班延误，因此直接放行飞机。

航后工卡 DH-AF-03 对 D328 型飞机前轮的检查要求为：确认机轮无划伤、起泡、切口、断裂、磨损超标。航前工卡 DH-PF-01 对 D328 型飞机前轮的检查要求为：检查机轮有无明显损伤。

该航空公司的技术服务中心在 2005 年 8 月 3 日下发的 TAD328-12-001 第 3 版中，对 D328 型飞机轮胎的更换标准进行了详细说明。其要求轮胎出现下列情况时必须更换：胎面均匀磨损，凹槽的深度小于 1 毫米（0.04 英寸）；任何一处磨损在胎面凹槽的下表面；任何一处磨损见第一层线。

3. 事件分析

（1）6 月 5 日 D328 型飞机航前出港时两个前轮已均匀磨平，虽没有见线，但已经超出了 TAD328-12-001 规定的轮胎更换标准。

（2）维修人员错误地将"见线"作为更换轮胎的最低标准，不符合 TAD328-12-001 中的要求，反映出维修人员对 TAD328-12-001 中的要求不明确。超标准放行是导致事件发生的直接原因。轮胎任何一处磨损见第一层线的更换标准一般情况下低于任何一处磨损在胎面凹槽的下表面和胎面均匀磨损且凹槽的深度小于 1 毫米（0.04 英寸）的更换标准。维修人员采用见线更换的标准，一方面反映出其对轮胎更换标准不够了解，另一方面反映出其工作中存在惰性。

4. 类似事件

（1）2006 年 12 月 6 日，B737 型飞机执行航班任务。航前放行人员在对左前轮漏气故障的处理过程中，因处理不当，导致飞机推出时出现左前轮漏气变形而更换轮胎，因此造成航班延误了 66 分钟。

放行人员在知道左前轮有漏气现象的情况下，没有采取有效方式检查漏气情况，安全意识不足，处理措施不到位。

（2）2006 年 8 月，一名维修人员在给 B737 型飞机前轮充气的过程中，前轮组件发生爆裂，爆裂飞出的碎片对该维修人员造成了重伤。经调查发现，充气过程中前轮组件发生爆裂是由于未调节氮气瓶的出口压力导致的。波音公司在 1998 年也收到一起类似的事故报告。

5. 关于轮胎充气安全的提示

给飞机轮胎充气的设备，必须配有气体压力调节装置，严禁使用高压气瓶直接给飞机轮胎充气；维修人员在测量轮胎气压和使用充气设备时，必须检查相应的气体压力表是否经过校验并且在有效使用期内；对飞机轮胎充气时，必须参照相应的飞机维护手册，严格落实手册要求的各项安全措施和注意事项；关于轮胎充气的注意事项，请参考 MT32-005 及 MT32-024 中的要求，如图 5.27 所示是轮胎充气安全警示贴画。

案例 5：A319 型飞机左紧急出口滑梯包意外释放的案例分析

1. 事件简述

2006 年 11 月 9 日，A319 型飞机航后，执行非例行工作单 AZ-H12-00-00-002 "寒冷天气飞机维修准备工作—门" 时，工作人员误将左侧紧急出口的滑梯包放出。

2. 事件调查

2006 年 11 月 9 日 A319 型飞机航后，工作人员 A（具有 A319 机型技术员和放行人员资格）负责执行非例行工作单 AZ-H12-00-00-002 "寒冷天气飞机维修准备工作—

图 5.27　轮胎充气安全警示贴画

门"工作。工作人员 B（具有 B737-7/800 机型技术员资格，不具有 A319 机型技术员资格）在完成其他飞机的航后工作后，前来协助工作人员 A 执行该工作单。

工作人员 B 在看过工作单后，随后将前后登机门和勤务门封严进行清洁，工作人员 A 负责润滑工作。在清洁完前后登机门和勤务门后，工作人员 B 到客舱中部将左侧紧急出口门拆了下来，导致左侧紧急出口的滑梯包释放。此时工作人员 A 仍在前登机门处进行润滑工作。

同时，A319 型飞机应急出口的滑梯预位有警告提示信息，飞机翼上应急门上有"正常情况下禁止扳动"警告标牌和"SLIDE ARMED"信息灯。在开启翼上应急门前，取下开门手柄的护盖时，如果应急滑梯已经预位，那么"SLIDE ARMED"信息灯亮，如果应急滑梯预位解除，那么"SLIDE ARMED"信息灯不亮。

3. 事件分析

（1）工作人员 B 在实施维护工作中，在翼上应急门未解除滑梯预位的情况下开启应急门，是造成滑梯包意外释放的直接原因。

（2）工作人员 B 不具备 A319 型飞机的授权，也从未执行过 A319 型飞机紧急出口的操作，对 A319 型飞机翼上应急门滑梯的构型不清楚，在这种情况下独立执行开启翼上应急门工作是造成滑梯包意外释放的重要原因。

（3）翼上应急门旁边有"SLIDE ARMED"信息灯，工作人员 B 在取下开门手柄的护盖时，未注意到"SLIDE ARMED"信息灯，未终止开门动作或在解除滑梯预位的情况下开启应急门，也是造成滑梯包意外释放的重要原因。

（4）工作人员 B 没有相应机型的授权，不了解 A319 型飞机翼上应急门的构型及操作程序，独立执行翼上应急门开启操作，工作人员 A 对于无相应资格的工作人员 B 的监督指导工作不到位。

（5）厂家工卡/维修工作单中没有开关应急出口的参考信息或操作过程中的注意事项，失去了起到预防差错发生的作用。

（6）工作人员 B 对执行 A319 型飞机翼上应急门维护工作时需要注意的情况不清楚，说明其对技术通告 TAA32-52-001 不了解。

4. 类似事件

（1）2005 年 12 月 13 日，A319 型飞机执行航班任务，飞机落地后，乘务长在打开左前客舱门时，由于滑梯包下放连杆（GIRT BAB）未解除（固定在地板上），导致滑梯包释放。

（2）2006 年 5 月 11 日，A319 型飞机执行航班任务，飞机在长春落地后，乘务员在打开左前客舱门时，在未解除紧急滑梯预位的情况下，将舱门打开，导致滑梯包释放。

（3）2006 年 6 月 1 日，A319 型飞机执行航班任务，飞机训练结束后，机组在打开右前客舱门时，在未解除紧急滑梯预位的状况下，将舱门打开，导致右前客舱门的滑梯包释放。

5. 安全提示

为了防止在飞机维修活动中发生类似事件，特提示如下：

（1）确保各舱门和应急出口上的警示标识清晰、完好。

（2）在操纵舱门及相关设备（如滑梯包、气瓶）时，注意警告标识的提示内容，并遵循维修手册的要求。

（3）在解除（应急手柄）预位后，请再次确认作动拖杆（GIRT BAB）已脱开地板固定装置（FLOOR ATTACH FITTINGS）。

（4）具体操作要求详见《A319 飞机维护手册》中的 AMM52-10-00 和 AMM52-11-00。

5.3.5　由于检查、测试不到位导致的差错事件

案例 1：十字螺刀头打坏发动机特大地面事故案例分析

1. 事件描述

2000 年 9 月 4 日晚，一架 A320 型飞机完成 1C 检后进行试车，地面观察人员听到在起动过程中发动机有异常声响，同时，排气温度（EGT）上升至 610℃（起动时 EGT 的极限温度是 630℃），发动机自动停车。事后，试车人员向值班工程师报告试车起动失败，但是未提及发动机内有异常声响。值班工程师按照空客故障分析手册进行检查，更换了高压 10 级放气活门。5 日上午再次进行试车，开始起动后发动机加速缓慢，EGT 上升至 619℃ 并伴有两声放炮声，试车人员人工关车。随后进行孔探检查，发现左发高压压气机的第 3～12 级转子叶片严重受损。

2. 事件调查

调查发现，维修人员在安装左发高压压气机第 2.5 级放气管整流罩的螺钉时曾丢失一个偏心十字螺刀头，后来在发动机下部的废油盘内找到一个，但由于使用的和找到的偏心十字螺刀头都没有编号标记，因此不能确定在油盘里找到的就是他丢失的那一个，随后将发动机送厂检查，最终找到了安装时掉入发动机的那个偏心十字螺刀头，证实了左发高压压气机是被偏心十字螺刀头打坏的。

3. 事件分析

（1）操作者违反公司工具管理规定，擅自使用未编号的维修工具，造成工具丢失后，无法确认从油盘中找到的偏心十字螺刀头是否就是丢失的。

（2）试车人员在第一次试车起动的过程中，被告知发动机有异常声响时，未能引起足够的重视，也未向值班工程师报告，影响了对发动机的故障诊断，并导致带故障的发动机二次起动，加重了发动机的损坏程度。

（3）工具保管人员违反了公司的工具保管制度，使无编号的工具进入了公司编号的

工具箱，导致维修人员使用了无编号的工具。

（4）值班工程师在未证实从废油盘中找出的偏心十字螺刀头就是维修人员丢失的情况下，即中止查找工作，未组织孔探人员用孔探设备查找，并未向上级领导汇报。

案例2：未执行工具三清点而造成的工具丢失

1. 事件描述

2007年1月22日，一架飞机在P20检中执行前起落架的润滑工作，工作中工作人员将尖头注油咀放在工作梯上便去吃饭，整理了工作梯上的工具但未进行清点，回来后也没有清点工具便继续工作，工作结束后清点工具时发现尖头注油咀丢失，最后确认尖头注油咀丢失。工作人员在工作中未执行工具三清点是造成1月22日飞机定检中尖头注油咀丢失的重要原因。如图5.28所示是尖头注油咀丢失事件简图。

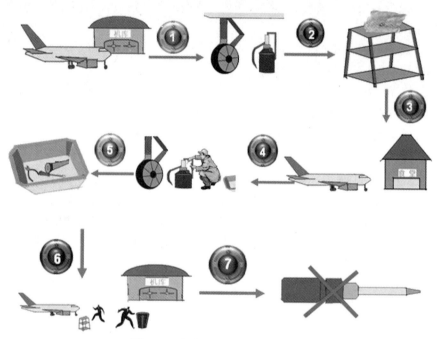

图5.28　尖头注油咀丢失事件简图

2. 类似案例及原因分析

分析近年来发生的多起工具丢失事件发现，造成工具丢失的原因主要有：工具库房管理不善，工作人员没有严格执行工具三清点，工作中随处摆放工具。其中，没有严格执行工具三清点造成的工具丢失事件占总数的60%。

1）工具库房管理不善造成的工具丢失

2006年2月25日晚，工具库房管理人员在做内部工具清点时发现，一个1-3/8英寸的黑色梅花开口扳手不在固定架位上，经过多次寻找未果，确认工具丢失。

2）工作人员没有严格执行工具三清点造成的工具丢失

2005年12月25日，航线维修分部维修人员在排除飞机前起落架标志照明灯故障时，使用了一台照明矿灯，工作后未对工具进行清点，造成照明矿灯遗落在飞机前轮舱，导致飞机起落架部位带工具执行航班。

3）工作中随处摆放工具造成的工具丢失

2005 年 12 月 26 日至 2006 年 1 月 9 日，一架飞机在机库执行 1200 小时检。1 月 8 日下午 15 时左右，维修人员从工具间借出一把电枪进行和胶工作。在使用过程中，维修人员将电枪附带的螺刀头取下，放在飞机尾部下方的地面上，16 时左右补胶工作结束时发现螺刀头丢失。

3. 工具丢失的后果

1）危害维修与运行安全

工具遗失在飞机的操纵面、发动机、起落架等部位，将可能在飞机的地面运转中导致部件损坏，或者在空中飞行时导致部件损坏、系统功能失效，甚至造成灾难性的后果。如图 5.29 所示是常见工具的遗失部位图示。

图 5.29　常见工具的遗失部位图示

2）浪费人力资源、影响生产进度

工具丢失后，为寻找工具，将会浪费大量的人力资源，严重影响生产进度，延缓飞机的出厂时间，造成重大的经济损失。如图 5.30 所示是工具丢失的后果图示。

图 5.30　工具丢失的后果图示

3）影响生产保障

航空器维修工具的造价昂贵，丢失工具将造成较大的经济损失，同时也将影响航空公司后续的生产保障，在业内造成不良影响。《民用航空器维修事故与差错》规定丢失工具为维修一般差错。《民用航空器飞行事故征候》关于工具丢失的定性：航空器的发动机、起落架舱或操纵系统带外来物飞行，为事故征候。

4. 若干容易造成工具丢失的情况举例

如图 5.31 所示是容易造成工具丢失的情况图示。

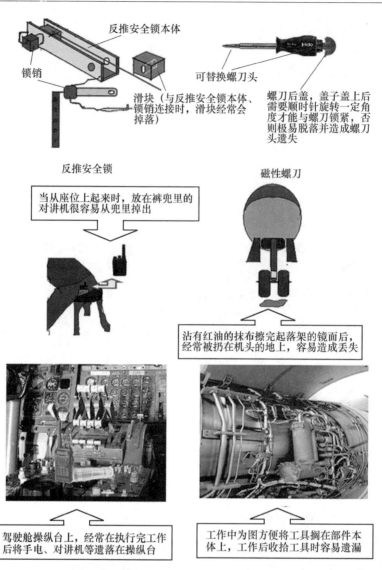

反推安全锁本体

锁销

滑块（与反推安全锁本体、锁销连接时，滑块经常会掉落）

可替换螺刀头

螺刀后盖，盖子盖上后需要顺时针旋转一定角度才能与螺刀锁紧，否则极易脱落并造成螺刀头遗失

反推安全锁

磁性螺刀

当从座位上起来时，放在裤兜里的对讲机很容易从兜里掉出

沾有红油的抹布擦完起落架的镜面后，经常被扔在机头的地上，容易造成丢失

驾驶舱操纵台上，经常在执行完工作后将手电、对讲机等遗落在操纵台

工作中为图方便将工具搁在部件本体上，工作后收拾工具时容易遗漏

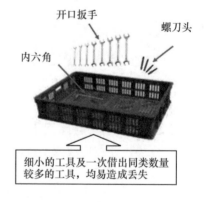

开口扳手

螺刀头

内六角

执行完工作，恢复盖板前，未仔细清理工作区域和清点工具，容易造成工具遗漏在检修口里

细小的工具及一次借出同类数量较多的工具，均易造成丢失

图 5.31　容易造成工具丢失的情况图示

5. 防止工具丢失的主要措施

1）做好工具库房的管理工作

（1）将工具有序地存放在工具架或工具箱中。

（2）对工具进行规范编号、存档管理。

（3）执行工具间的定期（如管理人员交接班）工具核查制度。

（4）执行工具借用登记和归还销账制度。

（5）严格执行工具借出和归还清点核对制度。

（6）执行换班工作交接制度。

2）严格执行工具三清点和借出归还清点制度

（1）借出工具时，与管理人员共同核对清点工具。

（2）严格执行工具三清点制度，即在工作前、场所转移时、工作后对工具进行清点。

（3）归还工具时，与管理人员共同核对清点工具。

3）养成良好的工作习惯，不随意摆放工具

（1）工具借出时用工具箱/筐存装。

（2）工作中不贪图方便，不将工具摆放在飞机的任意部件上。

（3）工作中不将工具放入衣服口袋，不使用的工具应该放回工具箱/筐。

（4）工具应放于工具箱/筐，不应将工具直接放在地面上。

4）认真执行使用工具时的程序要求

（1）工具借用者应随身携带工具借用登记副页。

（2）工作中止或交接给其他工作人员时，工具须归还或做好工具交接工作，工具交接时须进行清点并连同借用登记副页一并交接。

（3）工作结束后，应先清点和归还工具，再执行飞机试车、收放襟翼等测试工作和放行飞机。

5）工具丢失后的处理措施

（1）工具丢失后，应马上组织查找。

（2）工具丢失后，应立刻向放行人员/主管/经理、MCC、质量部门等部门/人员报告。

（3）在不能确认工具未丢失在飞机上之前，飞机不得放行投入运营。

（4）针对造成工具丢失的原因，制定并落实整改措施。

6. 维修航空器的常见工具

（1）如图 5.32 所示是维修航空器时使用的扳手类工具。

（2）如图 5.33 所示是维修航空器时使用的钳类工具。

（3）如图 5.34 所示是维修航空器时使用的解刀类工具。

（4）如图 5.35 所示是维修航空器时使用的榔头类工具。

（5）如图 5.36 所示是维修航空器时使用的计量类工具。

（6）如图 5.37 所示是维修航空器时使用的照明类工具、通信工具和劳动保护用品。

（7）如图 5.38 所示是维修航空器时使用的其他类工具。

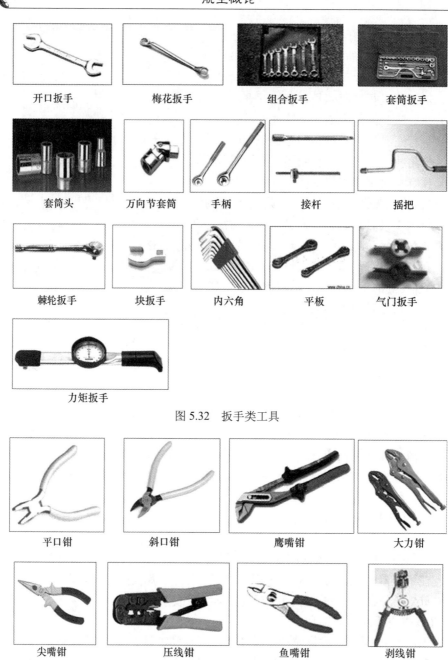

开口扳手	梅花扳手	组合扳手	套筒扳手
套筒头	万向节套筒	手柄	接杆	摇把
棘轮扳手	块扳手	内六角	平板	气门扳手
力矩扳手

图 5.32　扳手类工具

平口钳	斜口钳	鹰嘴钳	大力钳
尖嘴钳	压线钳	鱼嘴钳	剥线钳
卡簧钳	保险钳	插头钳

图 5.33　钳类工具

一字螺刀和十字螺刀　　　各形螺刀头　　　　　磁性螺刀

气动枪　　　　　　　电动枪

图 5.34　解刀类工具

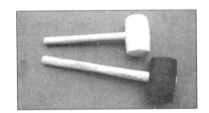

橡胶榔头　　　　　　　　　　　　木榔头

铁榔头

图 5.35　榔头类工具

气压表　　　　　　游标卡尺　　　　　万用表　　　　　量杯

卷尺　　　　　　　钢尺　　　　　　秒表　　　　　测力计

图 5.36　计量类工具

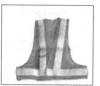

节能灯　　　　　　矿灯　　　　　　手电　　　　　反光背心

耳塞　　　　　　耳罩　　　　　防护镜　　　　手套　　　对讲机

图 5.37　照明类工具、通信工具和劳动保护用品

平铲　　　　　　塑料刀　　　　注油枪　　　　抹布

工具箱　　　　　　工具箱　　　　　工具筐

图 5.38　其他类工具

7. 航空器维修工具的使用规范

（1）航空器在维修中不允许使用活动扳手工具。

（2）航空器维修时常用的工具应存放在工具间的工具架上或工具箱中。

（3）借用工具时的检查要点：

确认所借用的工具为工具间提供或配备的工具；

使用功能正常；

工具的件号、尺寸、标签清晰可辨；

对需要校验的工具，须确认在校验有效期内；

无明显的外表面损伤；

工具配备的数量和附件齐全；

工具的尺寸、精度符合工作要求。

（4）工具三清点制度：

工作前清点工具；

工作场所转移时清点工具；

工作结束后清点工具。

（5）工具箱使用时的注意事项：

移动工具箱之前，工具箱的抽屉必须全部关闭；

工具箱停放时应刹好车，防止意外移动，撞坏飞机或设备；

使用工具时，工具箱只能打开一个抽屉，多个抽屉同时打开时，工具箱易翻倒；

绝不能把工具箱当梯子用。

（6）工具使用后的保养与清理：

已经损坏的工具应该清理出去，防止下次使用损坏的工具；

使用后的工具应该清洁干净；

计量器具应该回零。

案例 3：关于 B737 型飞机地面试车撞廊桥事件的案例分析

1. 事件简述

2008 年 2 月 9 日，一架 B737 型飞机在进行发动机试车工作时，飞机向前滑动造成左发动机撞上机场廊桥，导致左发进气道、风扇叶片、风扇整流包皮受损（见图 5.39）。

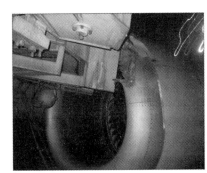

图 5.39 飞机地面试车撞上机场廊桥

2. 事件调查

2008 年 2 月 9 日，一架 B737 型飞机执行航班任务，飞行时出现右发动机燃油流量指示摆动故障。

当晚，维修基地对此故障进行排除，当时飞机停放在 2#停机位（该停机位为廊桥登机位；机场使用该停机位为飞机除冰，机坪表面积存除冰液）。

试车前，机务人员刹好停留刹车，液压系统的压力为 3000psi，放置了 6 个轮挡后开始试车。试车时未按规定使用地面与机上的通信设备，并约定机上使用滑行灯，地面使用手电筒作为联络设备。当开始推油门增加发动机功率，左发动机的转速增至 60%N1（N1 是发动机低压转子的转速），右发动机的转速增至 80%N1 时，试车人员感觉到飞机移动，于是立即将油门收至地面慢车位，并关闭发动机，使用人工刹车。由于地面积存除冰液，摩擦系数降低，因此飞机向前多移动了 15.70 米，向右偏离了约 62 度，左发进气道与廊桥口相撞，进气道受损，风扇整流罩变形，38 片风扇叶片受到了不同程度的损伤。

在机下担任警戒任务的机务人员发现飞机移动后，点亮手电筒并立即撤离，机上试车人员从左侧客舱应急出口安全撤离。

3. 事件分析

此次事件发生的主要原因是有关的机务人员在试车过程中违反了《民用机场运行安全管理规定》（CCAR-140）、《民用航空行业标准》（MH/T3011.5-2006）、《发动机试车工作手册》和《波音 737 机型维护手册》中关于发动机试车方面的标准和要求，在客机坪进行发动机试车。这是一起典型的因违章实施维修工作而导致的地面安全事件，局方初步评估已构成航空地面事故，最后的定性待飞机和廊桥的直接经济损失确定后确认。

4. 类似事件

（1）2007 年 11 月 15 日，法国当地时间下午 5 点，一架即将交付给阿联酋联合航空公司的 A340-600 型客机，在法国图卢兹进行发动机试车时意外撞上围墙，造成多人受伤，其中 3 人伤势严重，客机受损严重（见图 5.40）。

图 5.40　A340-600 型客机试车时撞上围墙

（2）2002 年 9 月 27 日，一架 B757 型飞机在做完 A 检后，在机场客机坪北头试车，当左发动机的转速达到 75%N1 时，飞机向前滑动了约 5.65 米，将一名躺在飞机前休息的机务人员的右腿压伤。

5. 试车安全提示

（1）试车时须严格依据《飞机维修工作手册》的要求对飞机进行配重，确保飞机的总重和重心在《飞机维修工作手册》规定的范围内。

（2）严格按照《发动机试车手册》的要求选择试车地点，确保机坪区域及飞机轮胎处无冰、雪、霜、积水、滑油、油脂、沙子等，确保机坪区域干净无异物，防止飞机意外滑动及因外来物造成损伤。

（3）试车前应确保飞机的刹车系统正常，并确保轮挡符合《关于轮挡技术规范及使用的说明》（TAMULT-10-001）的要求。

（4）试车人员主持试车工作，应依据《发动机试车工作手册》的要求，确保试车人员的资格、数量满足要求；严格遵守发动机试车的限制条件，不能确定开车不会对发动机造成损坏时，严禁起动发动机。

（5）试车过程中，禁止两台发动机同时在起飞功率下工作，当一台发动机运行在起飞功率时，另一台发动机必须工作在《发动机试车工作手册》允许的功率范围内。

（6）试车过程中，须确保安全设施和警戒标识等到位有效，机上机外人员沟通畅通。机上人员应密切注意相关仪表的指示、信号显示的变化及各种警告信息；机外监控人员应密切监控飞机及试车区域的情况，并及时将相关信息通报给机上人员。

（7）试车人员须掌握并严格遵守《发动机试车应急处置程序》《飞机意外滑动应急处置程序》。

（8）在条件允许的情况下，试车工作应尽可能安排在滑行道或专用试车位进行。

5.3.6　由于外在因素影响导致的飞行事故

近年来，国际民航由于外在因素导致的飞行事故呈现多发态势，根据中央气象台预测，受全球气候变暖大环境的影响，极端天气事件正在不断增加，暴雨、冰雹、大风和雷电等强对流恶劣天气多发，因此，做好复杂天气情况下的安全运行工作是实现安全飞行的重要保证。本节将通过案例来介绍由于外在因素影响而导致的飞行事故。

1. 雷击

1）雷击现象分析

根据有关飞机遭雷击事件的统计，飞机遭雷击的天气形势主要有气团内部的不稳定区、冷锋附近、静止锋冷区、暖锋前部、锋前雹线处和副冷风锋处等。放电发生在云与地之间、云与云之间和云的不同部位之间。当飞机处在闪电的路径上时，就会被击中。这种闪电击中飞机的现象简称为雷击。在雷暴活动区和两块对流云之间穿行都可能导致雷击，实验结果表明，雷暴消散阶段早期比雷暴旺盛期更容易遭雷击，因为雷暴消散阶段早期有足够大的带电中心，由于雷暴本身已没有激励源，因此飞机进入后成为激励源，就容易遭雷击。

飞机易遭雷击的部位主要是其凸出部位，从美国发表的资料来看，飞机各部位被雷击的概率是：天线 27%，机翼 22%，尾翼 21%，机身 15%，螺旋桨 7%，检验孔 6%，罗盘 2%（见图 5.41）。

根据美国通用电气公司的调查表明，雷击常出现在下列情况下：一是 96% 的雷击出现在 7600 米的高度以下；二是 88% 的雷击发生在降水期间；三是 84% 的雷击发生在云中；四是 81% 的雷击发生在湍流区；五是 68% 的雷击发生在飞机上升、下降或下滑着陆阶段。

区域1：高可能性
区域2：一般可能性
区域3：低可能性

图 5.41　飞机易遭雷击部位图示

2）雷击对飞行的危害

一种是直接危害，由强大的闪电电流，以及强电磁力、冲击波造成；另一种是间接影响，由迅速变化的电磁场从孔隙进入飞机或经飞机蒙皮渗透到机内与电路耦合感应几百伏或上千伏的毁坏性瞬间电压造成。

雷击对飞机危害的具体表现为：

（1）机翼、尾翼、机身等处被强电流烧出一些洞或凹形斑点（见图5.42）；

（2）飞机结构不牢的部位、空速管等受损；

（3）闪电电流进入机内，造成设备及电源损坏；

（4）危及机组和乘客安全；

（5）雷击引起的瞬间电磁场，对仪表、通信、导航及着陆系统造成干扰，对微电子数控系统的影响更大。

另外，如果油箱遭雷击就有可能发生燃烧或爆炸。

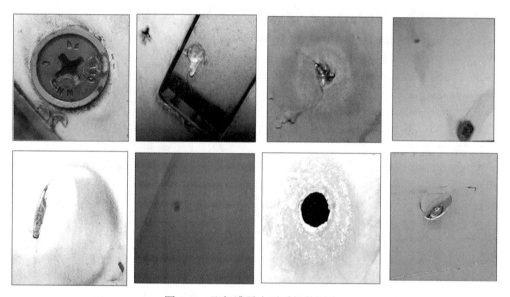

图 5.42　飞机遭雷击后受损的图片

2. 安全提示

（1）《民用航空器飞行事故征候》（MH 2001-2004）规定：飞行中遭雷击、冰击、鸟击导致的航空器机体或机载设备受损的，为飞行事故征候。

（2）工作人员要严格执行《维修工作持单检查操作程序》（06106）的要求，严格落实"持单作业，逐项检查"。

（3）对于雷击，工作人员要严格按照 AMM 手册第5章的检查要求或《雷击后的检查》工作单的要求进行检查。

（4）对于鸟击，工作人员要严格按照《鸟击后的检查》工作单的要求进行检查。

（5）在特殊环境下，如阴暗的天气环境，工作人员需要借用足够亮度的照明工具进行检查；在高度难以接近的位置，工作人员需要借助高度足够的工作梯进行检查。

（6）对于因鸟击、雷击造成的航班不正常，需要按照《不正常事件报告和处理程序》（05110）及时进行通报。

案例 1：俄罗斯客机雷雨中坠毁案例分析

1. 事件简述

2006 年 8 月 22 日，一架俄罗斯普尔科沃航空公司的图 154 客机在乌克兰顿涅茨克以北 45 公里处坠地起火，机上的 10 名机组成员和 159 名乘客全部遇难（见图 5.43）。

图 5.43　俄罗斯客机雷雨中坠毁案例图示

2. 事件调查

初步调查结果表明，恶劣的天气状况和机组人员的操作不当是此次飞机失事的原因。机组人员获悉飞行航线将穿越雷雨锋（雷雨云层）后，决定从锋线上部绕行。但是机组人员没有考虑雷雨锋的高度不低于 15000 米，这是此种机型客机飞行的极限高度。当该客机爬升到这一高度时，遭遇强烈的气流，由于 2 台发动机此时同时停止了工作，因此客机急速跌入 12000 米的高空，随后便失去了控制，约 4 分钟后坠毁。

3. 同类事件

（1）2008 年 3 月 1 日，一架空客 A320 在时速达到 155 英里的暴风中实施迫降。此架飞机隶属德国汉莎航空股份公司，机上搭载 131 名乘客，由慕尼黑飞往汉堡。飞机在汉堡国际机场第一次尝试着陆时由于遭到暴风吹袭，机翼差点碰到地面，机身猛烈摇摆，机头一度转向。但最终幸运的是，驾驶员第二次尝试安全着陆时，飞机成功降落，机上乘客无人受伤。

（2）2008 年 3 月 1 日，某航空公司 B747-412F 型货机在英国的曼彻斯特机场着陆过程中遭遇时速为 100 公里左右的侧风，飞机倾斜角度较大造成一侧发动机擦地，并且轮胎爆胎。

（3）2006 年 7 月 9 日，俄罗斯西伯利亚航空公司一架从多莫杰多沃米哈伊尔·罗蒙诺索夫国际机场起飞的空客 A310 型客机在俄罗斯伊尔库茨克市的机场降落，当时下着大雨，能见度很低，飞机降落时冲出跑道，撞上机场建筑物，随后起火燃烧。致 137 人死亡，49 人受伤。俄罗斯交通部部长称雨后跑道潮湿是飞机失事起因。

（4）2007 年 3 月 7 日，印度尼西亚共和国的一架 B737-400 型客机在日惹国际机场降落时突然着火，随后发生爆炸。该机载有 140 人，其中 100 多人从着火的客机上成功逃生，21 人死亡，两名驾驶员称飞机在着陆时突然遇到下降气流，使得飞机猛力撞上跑道。初步调查显示，这架飞机的前起落架在着陆时折断，使得飞机冲进跑道外的稻田，两个引擎及右机翼断裂，燃油泄漏发生爆炸（见图 5.44）。

图 5.44 B737-400 型客机在日惹国际机场降落时爆炸图示

（5）2007 年 2 月 21 日，印度尼西亚亚当航空公司的一架 B737-300 型客机在暴风雨中强行着陆在印度尼西亚的朱安达国际机场，结果机身弯曲和断裂，机尾几乎垂到地面，飞机报废（见图 5.45），所幸无人员伤亡。该事件使得朱安达国际机场一度关闭，初步分析此次强行着陆是由风切变引起的。

图 5.45 B737-300 型客机强行着陆图示

案例 2：日本支线客机被闪电击中的案例分析

1. 事件简述

2007 年 4 月 2 日，日本 IBEX 航空的一架国内航班在飞行中被闪电击中，导致一台发动机空中停车。

2. 事件调查

据 IBEX 航空的官员 Tatsunori Oi 透露，闪电击中飞机时，飞机正在辖区 4000 米的高度飞行，机上包括乘客和机组人员在内的 34 人没有受伤。

Tatsunori Oi 说，飞机被闪电击中的时间大约在上午 10 点 30 分，当时飞机从日本东部的机场起飞后已经飞行了一个小时。他说，这架加拿大生产的庞巴迪客机的右侧发动机在被闪电击中后就停止了工作，但 20 分钟后驾驶员在大阪伊丹机场成功降落，仅比正常降落时间晚了 10 分钟。事后，调查人员在飞机机身前右侧发现了一个小洞，认为这就是被闪电击中的位置。

3. 类似事件

（1）2007 年 6 月 9 日下午，韩国韩亚航空的一架空客 A321 型客机，执行从济州岛至首尔的飞行任务，在金浦国际机场准备降落时遭雷电和冰雹袭击，客机受袭后严重摇晃，于是客机实行紧急迫降，最后安全降落。此次袭击造成驾驶舱前窗被砸破，客机鼻头被击毁断落，喷射引擎保护盖被砸出一个大洞。

（2）2007 年 10 月 28 日凌晨，一架飞往昆明的客机起飞后不久遭到雷击，飞机前端的雷达罩被击出一个 50cm×50cm 的洞，洞内焦黑（见图 5.46），致使飞机返航。

图 5.46　飞机被雷击出一个黑洞图示

案例 3：客机的发动机遭鸟袭击

1. 事件简述

2007 年 4 月 29 日，英国大不列颠航空公司的一架 B757-204 型客机从曼彻斯特机场起飞的过程中，2 号发动机遭鸟袭击（1 只到 2 只苍鹭），发动机起火（见图 5.47），驾驶员立即关闭该发动机，最后飞机安全返航，事件中没有人员伤亡。

图 5.47　客机的发动机遭鸟袭击图示

2. 类似事件

（1）2007 年 6 月 18 日晚，一群家鸽躲过北京首都国际机场的层层粘鸟网，穿过价值百万元的驱鸟设备，与一架载客航班迎头相撞，所幸飞机及机上的人员没有受到任何损伤（见图 5.48）。

（2）2007 年 1 月 25 日，法国航空公司一架载有 50 名乘客和 4 名机组人员的福克 100 型客机从法国南部的波城比利牛斯机场飞往巴黎，起飞后不久遭遇飞鸟袭击，飞鸟被吸进发动机，于是飞机在机场跑道旁的道路上迫降，机上人员安全。不幸的是飞机撞上机场外的一辆卡车，导致卡车司机当场死亡。

航空概论

图 5.48　航班降落时遭家鸽撞击

案例 4：飞机在空中结冰

2006 年 1 月 2 日，美鹰航空的一架 SAAB 340 型飞机执行从圣路易斯到洛杉矶的飞行任务，爬升过程中在 11500 英尺的高空结冰，飞机失去控制；高度降低到 6500 英尺后，机组恢复了对飞机的控制并最终安全在洛杉矶着陆，事件中没有人员伤亡。

案例 5：智利 A340-300 型客机遭遇太空垃圾

2007 年 3 月 28 日，智利国家航空的一架 A340-300 型客机在南太平洋上空遭遇太空垃圾，这些燃烧的太空碎片当时距离飞机前后约 5 海里。大约在两周前，新西兰航空公司就曾受到俄罗斯当局关于某颗卫星将会进入地球大气层的警告，而实际上该事件发生的时间却比俄罗斯当局提供的时间早了大约 12 个小时。